0.4kV低压配网不停电专业系列丛书

0.4kV架空线路不停电检修实用教程

0.4kV JIAKONG XIANLU
BUTINGDIAN JIANXIU SHIYONG JIAOCHENG

胡永银　主编

黄河水利出版社

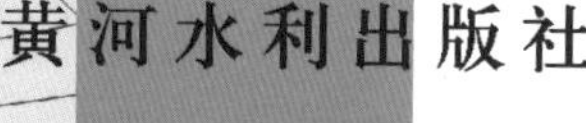

·郑州·

内 容 提 要

本书是根据国家电网公司 0.4 kV 配网不停电作业试点工作要求，贯彻执行国家电网有限公司运维检修部推广 0.4 kV 配网不停电作业原则和规格项目开发原则，结合目前从事 0.4 kV 配网不停电作业培训工作情况，开发的 0.4 kV 配网不停电作业系列教材之一。

本书包含 0.4 kV 配网不停电作业架空线路部分的操作项目，系统介绍了 0.4 kV 架空线路结构、0.4 kV 架空线路连接方式、0.4 kV 架空线路不停电作业、各类 0.4 kV 架空线路不停电作业工器具，7 个项目的培训、考核标准以及典型项目现场实例。

本书可作为 0.4 kV 配网不停电作业培训教材和参考书，还可以作为带电实训基地资质取证培训教材，以及各类电力培训中心从事 0.4 kV 配网不停电作业生产人员专业岗前和履职培训教材。

图书在版编目(CIP)数据

0.4 kV 架空线路不停电检修实用教程/胡永银主编
.—郑州：黄河水利出版社，2021.11
(0.4 kV 低压配网不停电专业系列丛书)
ISBN 978-7-5509-3174-9

Ⅰ.①0… Ⅱ.①胡… Ⅲ.①架空线路-检修
Ⅳ.①TM726.3

中国版本图书馆 CIP 数据核字(2021)第 247213 号

策划编辑：陈俊克　　电话：0371-66026749　　E-mail：hhslcjk@126.com

出 版 社：黄河水利出版社　　网址：www.yrcp.com
地址：河南省郑州市顺河路黄委会综合楼 14 层　　邮政编码：450003
发行单位：黄河水利出版社
发行部电话：0371-66026940、66020550、66028024、66022620(传真)
E-mail：hhslcbs@126.com
承印单位：河南匠之心印刷有限公司
开本：787 mm×1 092 mm　1/16
印张：12.5
字数：290 千字　　印数：1—1 000
版次：2021 年 11 月第 1 版　　印次：2021 年 11 月第 1 次印刷

定价：160.00 元

《0.4 kV 架空线路不停电检修实用教程》

编写委员会

主　编　胡永银

副主编　张　珂　王　磊　卢国栋

参　编　刘　鹏　杨　力　魏　欣　全昌前

　　　　陈劲松　陈　楠　张渝涵　赵世林

　　　　徐　涛　杜印官

主　审　郑和平

前言 Preface

0.4 kV 配网是城乡配网线路的重要组成部分，其线路路径长，设备密集；随着供电用户需求不断增加，线路运行负荷日益严重，线路故障率增加趋势明显。因此，在加速改造配电网过程中，0.4 kV 配网检修工作量逐步增大，开展 0.4 kV 配网不停电作业，有利于缓解配电网停电检修给电力用户带来的用电影响，可有效提高用户供电可靠性和电力服务质量，保障系统安全、稳定运行。

2018 年 4 月，国家电网有限公司运维检修部组织召开 0.4 kV 配网不停电作业试点工作启动会，对 0.4 kV 配网不停电作业试点项目进行了讨论，根据当前 0.4 kV 配网不停电作业的实际情况，以实现 0.4 kV 配网不停电作业安全开展、持续提高配电网供电可靠性为目标，将中压配电网不停电作业方法拓展至低压配电网，并结合低压线路特点完善工具装备，建立标准规范，开展现场试点，解决低压线路检修影响服务质量问题，拓展不停电作业适用电压等级，为 0.4 kV 配网不停电作业推广提供先行试点经验。

本书是根据 2018 年 12 月国家电网有限公司设备管理部组织召开 0.4 kV 配电网不停电作业试点工作总结交流会经验，结合四类 19 项 0.4 kV 配电网不停电作业推广项目，而开发的培训教材。本书包含 0.4 kV 架空配电线路部分的操作项目和内容，系统介绍了相关理论知识、工器具及装备和相关 7 个推广项目培训及考核标准，最后以图文方式介绍了 1 个典型操作项目。目前的 0.4 kV 配网不停电教材对操作项目只有流程介绍，缺少项目培训要求、教学时间安排、培训方法和考核方法，本教材填补了这一空白，可直接用于 0.4 kV 配网不停电作业操作项目培训和考核，而且其中的操作项目近年培训中均有应用，因此具有较强的实用性和推广价值。

本书由国网四川省电力公司技能培训中心胡永银主编，由全国带电作业标准化技术委员会技术专家、输配电技术协作网带电作业工作委员会委员郑和平高级工程师主审。参编作者主要由国网带电作业实训基地（四川配电基地）培训师及长期从事配网不停电作业的技能专家组成。编写人员分工如下：国网四川省电力公司技能培训中心胡永银（第一章第一节、第三章第七节、第四章第一节），徐涛（第一章第二节），赵世林（第二章第一节），陈楠（第二章第二节），杨力（第二章第三节），王磊（第二章第四节、第三章第六节)，杜印官(第二章第五节)，张渝涵(第三章第一节)，张珂(第三章第二节)，卢国栋(第三章第三节)，魏欣(第三章第四节)，全昌前(第三章第五节)，国网四川省电力公司刘鹏与技能培训中心胡永银共同完成第一章第三节，国网成都供电公司配网不停电作业专家陈劲松与技能培训中心胡永银共同完成第四章第二节，本书由胡永银统稿。本书在编写过程中得到了国网四川省电力公司、国网成都供电公司的大力支持和悉心指导，在此一并致谢!

由于编者水平有限，书中难免存在不妥之处，恳请大家批评指正。

编　者

2021 年 9 月

目录 Contents

前　言

第一章

0.4 kV架空配电线路基本知识

第一节　0.4 kV 架空线路结构

一、0.4 kV 架空线路介绍

架空线路是电力网的重要组成部分，其作用是输送和分配电能。低压架空配电线路是采用电杆将导线悬空架设，直接向用户供电的配电线路。架空线路一般按电压等级进行划分，1 kV 及以下电压等级为低压架空配电线路，1 kV 以上电压等级为高压架空配电线路。我国最为常见的低压用户所使用的标称线电压为 380 V，由于配电线路在长距离配电过程中将产生电压降，为不影响用户的电压质量，通过配电变压器参数设置，将配电线路首端电压升高 5%，以平衡长距离配电线路所生产的电压降，故我国在低压配电网中普遍采用 0.4 kV 电压等级。

0.4 kV 低压架空线路与 10 kV 架空配电线路相比具有架设简单，造价低，材料供应充足，分支、维修方便，便于发现和排除故障等优点。缺点是易受外界环境的影响、供电可靠性较差、影响环境的整洁美观等。0.4 kV 架空线路主要是指配电变压器出线与低压用户之间的部分，主要由导线、绝缘子、横担、电杆及各类金具组成，如图 1-1 所示。

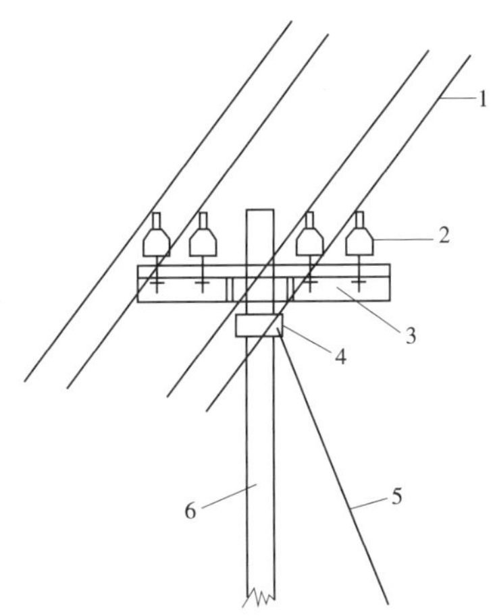

1—导线；2—绝缘子；3—横担；4—拉线抱箍；5—拉线；6—电杆

图 1-1　0.4 kV 架空线路结构

二、导线

导线是架空线路的主要元件之一，导线的作用是传导电流、输送电能，将配电变压器出口的电能输送到用户。架空线路的导线长期处于露天环境，除要承受自重、风力、覆冰等力的作用外,还要受到气温变化和空气中有害气体的化学腐蚀的影响。因此,对导线材料除要求有良好的导电性能外,还要求有相当高的机械强度与抗化学腐蚀能力,并且应尽可能地质轻、价廉。

(一)导线材质

导线可根据材料不同分为铜导线、铝导线、钢导线、铝合金导线等。

1. 铜导线

铜导线具有优良的导电性能和较高的机械强度,耐腐蚀性高,是一种理想的导电材料,但由于铜非常稀有,价格较高,因此铜导线一般只用于电流密度较大或化学腐蚀较严重地区的输电线路上。

2. 铝导线

铝导线具有较好的导电性,其电导率约为铜的 60%,铝是地球上存量较多的资源之一,其密度较小,单位截面、单位长度质量较轻,采用铝导线时杆塔受力较小。但铝导线的机械强度低,允许的应力较小,导线放松时的下垂弧度,即导线弧垂较大,将会导致电杆或铁塔高度增加,以保障导线对地安全距离。所以,铝导线通常只用在档距较小的 10 kV 及以下的配电线路中。铝导线对大气腐蚀的抵抗情况良好,在空气中极易氧化,氧化后将在导线表面形成一层氧化层薄膜,对内部导线形成保护,使内层导线不再氧化。但有的铝中含有杂质,不耐化工、盐雾的腐蚀,如沿海地区和化工厂附近地区的导线易发生腐蚀现象,影响电能传输。

3. 钢导线

钢导线具有很高的机械强度,但是其导电性能及抗腐蚀性较差,不宜用作输电线路导线,主要用于架空线路的避雷线、拉线和接地引下线,以及作为绝缘集束线、通信线的承力绳。

4. 铝合金导线

铝合金导线的电导率与铝相近,机械强度与铜相近,价格却比铜要低,抗化学腐蚀能力强,但铝合金导线硬度较高,易发生振动使导线断股的情况。

(二)导线结构

导线按其结构特点可分为单股导线、单金属多股导线、复合金属多股导线三种类型,如图 1-2 所示。

1. 单股导线

单股导线即只有一股电线的导线,仅在早期的低压架空线路中有使用,如图 1-2(a)所示。

2. 单金属多股导线

单金属多股导线即由同一种金属的多股导线绞制而成,可由铜、铝或钢制成,如铝绞线、铜绞线、钢绞线,如图 1-2(b)所示。

3. 复合金属多股导线

复合金属多股导线即是由两种金属材料制造成的合股导线，结合钢和铝各自的优点，复合金属多股导线主要由钢和铝制作而成，主要包括钢芯铝绞线、扩径钢芯铝绞线、空心导线、钢铝混绞线、钢芯铝包钢绞线、铝包钢绞线等，如图 1-2(c)所示。

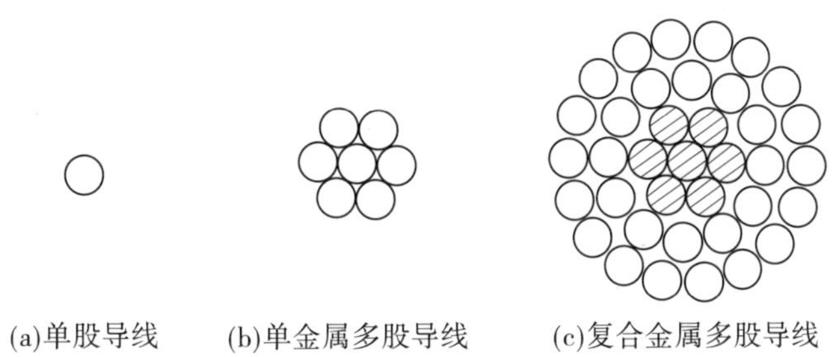

(a)单股导线　(b)单金属多股导线　(c)复合金属多股导线

图 1-2　裸导线结构

钢芯铝绞线是目前应用最为广泛的架空输电线路导线，它利用钢的机械强度高、铝的导电性能好的优点而制成，其内部线芯由钢线组成，在钢芯外部绞制铝导线，导线上所受的力主要由钢芯部分来承受，而导线中的电流主要由铝绞线部分来承担。钢芯铝绞线结构如图 1-3 所示。

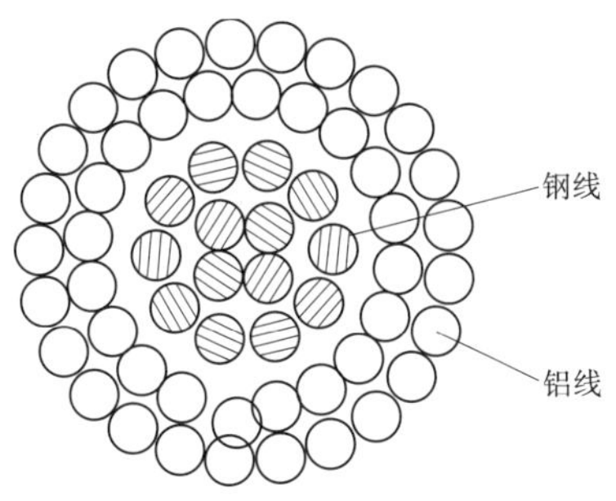

图 1-3　钢芯铝绞线结构

钢和铝这两种金属的结合集中了铝线和钢线的优点，较好地满足了导线的使用条件，因此钢芯铝绞线被广泛地应用在高压输电线路及大跨越输电线路中。

(三)导线的表示方法

架空线路导线的型号是用导线的材料、结构和载流截面面积三部分来表示的。

导线的材料和结构用中文拼音首字母表示，符号及表示意义如表 1-1 所示。如 T 表示铜导线；L 表示铝导线；G 表示钢导线；J 表示多股绞线；TJ 表示铜绞线；LJ 表示铝绞线；GJ 表示钢绞线；LHJ 表示铝合金绞线；LGJ 表示钢芯铝绞线；LGJJ 表示加强型钢芯铝绞线；LGJQ 表示轻型钢芯铝绞线。

表 1-1　常见导线表示符号及意义

符号	意义	符号	意义
T	铜	TJ	铜绞线
L	铝	LJ	铝绞线
G	钢	GJ	钢绞线
J	多股绞线	LHJ	铝合金绞线
Q	轻型	LGJ	钢芯铝绞线
J	加强	LGJQ	轻型钢芯铝绞线
F	防腐	LGJJ	加强型钢芯铝绞线
X	稀土	LGJF	防腐型钢芯铝绞线

钢芯铝绞线按铝钢截面比的不同又分为三种类型：

(1)普通型钢芯铝绞线，型号为 LGJ。

(2)轻型钢芯铝绞线，型号为 LGJQ。

(3)加强型钢芯铝绞线，型号为 LGJJ。

普通型钢芯铝绞线和轻型钢芯铝绞线，用于一般地区，而加强型钢芯铝绞线主要用于大跨越地区或重覆冰地区。

除导线材料和结构符号外，导线的表示还应该表达出导线的横截面面积，截面面积越大载流越大，应用的输电线路电压等级也越高。对于钢芯铝绞线，应同时表达出铝和钢的截面面积，如导线 LGJ-300/50，表示铝线的标称截面面积为 300 mm^2，钢芯的标称截面面积为 50 mm^2 的钢芯铝绞线。

导线可分为裸导线和绝缘导线两大类。高压线路一般用裸导线，低压线路一般用绝缘导线，以保证安全。裸导线又分为单股导线、多股绞线和钢芯铝绞线。多股绞线的性能优于单股导线，所以架空线路一般采用多股绞线。

(四)裸导线

裸导线具有结构简单，线路工程造价成本低，施工、维护方便等特点。0.4 kV 架空配电线路中常用的裸导线主要有铝绞线、钢芯铝绞线、合金铝绞线等。根据《农村低压电力技术规程》(DL/T 499—2001)附录 D，常用铝绞线和钢芯铝绞线的基本技术指标见表 1-2 和表 1-3。

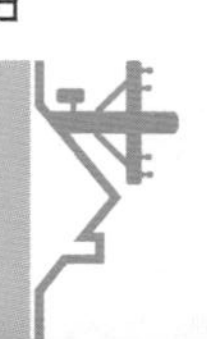

表 1-2　常用铝绞线的基本技术指标

标称截面面积（mm^2）	实际截面面积（mm^2）	结构尺寸根数/直径（根/mm）	计算直径（mm）	20 ℃时的直流电阻（Ω/km）	拉断力（N）	弹性系数（N/mm^2）	热膨胀系数（10^{-6}/℃）	不同温度载流量（A）			计算质量（kg/km）	制造长度（km）
								70 ℃	80 ℃	90 ℃		
25	24.71	7/2.12	6.36	1.188	4	60	23.0	109	129	147	67.6	4 000
35	34.36	7/2.50	7.50	0.854	5.55	60	23.0	133	159	180	94.0	4 000
50	49.48	7/3.55	9.00	0.593	7.5	60	23.0	166	200	227	135	3 500
70	69.29	7/3.55	10.65	0.424	9.9	60	23.0	204	246	280	190	2 500
95	93.27	19/2.50	12.50	0.317	15.1	57	23.0	244	296	338	257	2 000
95	94.23	19/4.14	12.42	0.311	13.4	60	23.0	246	298	341	258	2 000
120	116.99	19/2.80	14.00	0.253	17.8	57	23.0	280	340	390	323	1 500
150	148.07	19/3.15	15.75	0.200	22.5	57	23.0	323	395	454	409	1 250
185	182.80	19/3.50	17.50	0.162	27.8	57	23.0	366	454	518	504	1 000
240	236.38	19/3.98	19.90	0.125	33.7	57	23.0	427	528	610	652	1 000
300	297.57	19/3.20	22.40	0.099	45.2	57	23.0	490	610	707	822	1 000

表 1-3　常用钢芯铝绞线的基本技术指标

标称截面面积（mm^2）	实际截面面积（mm^2）		铝钢截面比	结构尺寸根数/直径（根/mm）		计算直径（mm）		20 ℃时的直流电阻（Ω/km）	拉断力（N）	弹性系数（N/mm^2）	热膨胀系数（10^{-6}/℃）	不同温度载流量（A）			计算质量（kg/km）	制造长度（km）
	铝	钢		铝	钢	铝	钢					70 ℃	80 ℃	90 ℃		
16	15.3	2.54	6.0	6/1.8	1/1.8	5.4	1.8	1.926	5.3	19.1	78	82	97	109	61.7	1 500
25	22.8	3.80	6.0	6/2.2	1/2.2	6.6	2.2	1.298	7.9	19.1	89	104	123	139	92.2	1 500
35	37.0	6.16	6.0	6/2.8	1/2.8	8.4	2.8	0.796	11.9	19.1	78	138	164	183	149	1 000
50	48.3	8.04	6.0	6/3.2	1/3.2	9.6	3.2	0.609	15.5	19.1	78	161	190	212	195	1 000
70	68.0	11.3	6.0	6/3.8	1/3.8	11.4	3.8	0.432	21.3	19.1	78	194	228	255	275	1 000
95	94.2	17.8	5.03	28/2.07	7/1.8	13.68	5.4	0.315	34.9	18.8	80	248	302	345	401	1 500
95	94.2	17.8	5.03	7/4.14	7/1.8	13.68	5.4	0.312	33.1	18.8	80	230	272	304	398	1 500
120	116.3	22.0	5.3	28/2.3	7/2.0	15.20	6.0	0.255	43.1	18.8	80	281	344	394	495	1 500
120	116.3	22.0	5.3	7/4.6	7/2.0	15.20	6.0	0.253	40.9	18.8	80	256	303	340	492	1 500
150	140.8	26.6	5.3	28/2.53	7/2.2	16.72	6.6	0.211	50.8	18.8	80	315	387	444	598	1 500
185	182.4	34.4	5.3	28/2.88	7/2.5	19.02	7.5	0.163	65.7	18.8	80	368	453	522	774	1 500
240	228.0	43.1	5.3	28/3.22	7/2.8	21.28	8.4	0.130	78.6	18.8	80	420	520	600	969	1 500
300	317.5	59.7	5.3	28/3.8	19/2	25.2	10.0	0.093 5	111	18.8	80	511	638	740	1 348	1 000

(五)绝缘导线

架空绝缘导线(俗称架空绝缘电缆)适用于城市人口密集地区,线路走廊狭窄、架设裸导线线路与建筑物的间距不能满足安全要求的地区,以及风景绿化区、林带区和污秽严重的地区等。目前,在架空配电线路中广泛地采用架空绝缘导线,相对裸导线而言,采用架空绝缘导线配电线路运行的稳定性和供电可靠性要好于裸导线配电线路,且线路故障明显降低。线路与树木的矛盾问题基本得到解决,同时降低了维护工作量,提高了线路的运行安全可靠性,绝缘导线实物如图 1-4 所示。

图 1-4　绝缘导线实物图

1. 绝缘导线的分类

绝缘导线按电压等级可分为中压绝缘导线、低压绝缘导线;按架设方式可分为分相架设、集束架设。绝缘导线类型有中、低压单芯绝缘导线,低压集束型绝缘导线,中压集束型半导体屏蔽绝缘导线,中压集束型金属屏蔽绝缘导线等。

2. 绝缘导线的绝缘材料

目前户外绝缘导线所采用的绝缘材料,一般为黑色耐气候型的聚氯乙烯、聚乙烯、高密度聚乙烯、交联聚乙烯等。这些绝缘材料一般具有较好的电气性能、抗老化及耐磨性能等,暴露在户外的材料添加有 1%左右的碳黑,以防日光老化。

3. 绝缘导线的型号

表示架空绝缘导线型号特征的符号主要由三部分组成。

第一部分表示系列特征代号,主要有:JK—中、高压架空绝缘线(或电缆);J—低压架空绝缘线。

第二部分表示导体材料代号,主要有:T—铜导体(可省略不写);L—铝导体;LH—铝合金导体。

第三部分表示绝缘材料代号,主要有:V—聚氯乙烯绝缘;Y—聚乙烯绝缘;YJ—交联聚乙烯绝缘。

常见的架空绝缘导线有铝芯和铜芯两种,在配电线路中,铝芯应用比较多,铜芯线主要是作为变压器及开关设备的引下线。架空绝缘导线的绝缘保护层有厚绝缘(3. 4 mm)和薄绝缘(2. 5 mm)两种。厚绝缘运行时允许与树木频繁接触,薄绝缘只允许与树木短时接触。绝缘保护层又分为交联聚乙烯和轻型聚乙烯,交联聚乙烯的绝缘性更优良。

例如,架空绝缘导线型号为 JLYJ,表示该导线为铝芯导体交联聚乙烯绝缘的低压架空绝缘导线,其他低压架空绝缘导线型号如表 1-4 所示。

4. 绝缘导线的主要特点

与裸导线相比,绝缘导线的主要优点有:

表 1-4　常见低压架空绝缘导线型号

编号	型号	名称	编号	型号	名称
1	JV	铜芯聚氯乙烯绝缘线	4	JLY	铝芯聚乙烯绝缘线
2	JLV	铝芯聚氯乙烯绝缘线	5	JYJ	铜芯交联聚乙烯绝缘线
3	JY	铜芯聚乙烯绝缘线	6	JLYJ	铝芯交联聚乙烯绝缘线

(1)有利于改善和提高配电系统的安全可靠性,减少人身触电伤亡危险,防止外物引起的相间短路,减少双回或多回线路时的停电次数,减少维护工作量,减少因检修而停电的时间,提高了线路的供电可靠性。

(2)有利于城镇建设和绿化工作,减少线路沿线树木的修剪量。

(3)可以简化线路杆塔结构,甚至沿墙敷设,既节约了线路电杆金具等材料,又美化了环境。

(4)节约了架空线路所占空间,缩小了线路走廊,与裸导线相比,线路走廊可缩小1/2。

(5)降低线路电能损失,降低电压损失,线路电抗仅为普通裸导线线路电抗的1/3。

(6)减少导线腐蚀,因而相应提高了导线的使用寿命和配电可靠性。

(7)降低了对线路支持件的绝缘要求,提高了同杆线路回路数。

绝缘导线的缺点是:架空绝缘导线导体没有与空气直接接触,导体热量不易散发,允许载流量比裸导线小。加上塑料层后,导线的散热性较差,因此架空绝缘导线通常选型时应高一个档次,这样就导致线路的单位长度质量较重,电杆所承受的荷载较高,单位长度的造价高于裸导线。

三、电杆

电杆是用来支持架空导线的,将电杆下端埋在地里,上端装上横担及绝缘子,用扎线将导线固定在绝缘子上,同时保持导线的相间距离和对地距离满足要求。导线自重及所承担的风荷、冰荷等其他荷载都将由电杆来承担,所以电杆应有足够的机械强度。电杆主要由埋设在地下的卡盘、底盘及杆上横担及绝缘子等组成,电杆可根据其材料、受力的不同进行分类,低压线路电杆结构如图1-5所示。

(一)电杆按材料分类

电杆按材质可分为金属杆、木杆和钢筋混凝土杆。金属杆一般使用在线路的特殊位置,木杆由于木材供应紧张且易腐烂,除老旧的部分地区个别线路外,新建线路均已不使用,目前使用最为普遍的是钢筋混凝土电杆。钢筋混凝土电杆具有经久耐用、较高的机械强度、抗风化抗腐蚀性好等优点,缺点是比较笨重,运输及安装成本较高。

(1)金属杆。具有机械强度大、使用年限长、组装方便等优点,但其消耗钢材量大、价格高,且易受外界环境的影响而生锈腐蚀,主要用于居民区35 kV或110 kV的架空线路。

(2)木杆。具有质量轻、价廉、制造安装方便、耐雷击性能好等优点,但其机械强度低,且易腐烂,目前已很少使用。

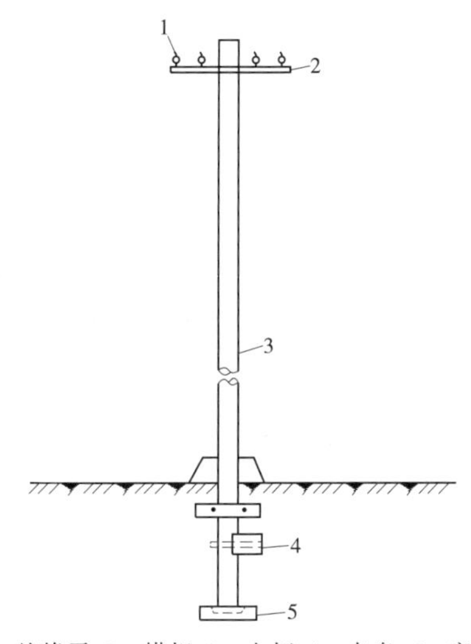

1—绝缘子;2—横担;3—电杆;4—卡盘;5—底盘

图 1-5　低压线路电杆结构

(3)钢筋混凝土杆。具有表面挺直光滑、机械强度较高、耐磨耐用、价廉、不易腐蚀等优点,但其比较笨重,运输和组装困难,是目前应用最为广泛的电杆,主要用于 110 kV 以下架空线路。

(二)电杆按受力分类

电杆在线路中所处的位置不同,它的作用和受力情况就不同,基础的强度及硬杆顶的结构形式也不尽相同。一般按其在配电线路中的作用和所处位置可将电杆分为直线杆、耐张杆、转角杆、终端杆、分支杆和跨越杆六种基本形式,各种电杆俯视图如图 1-6 所示。

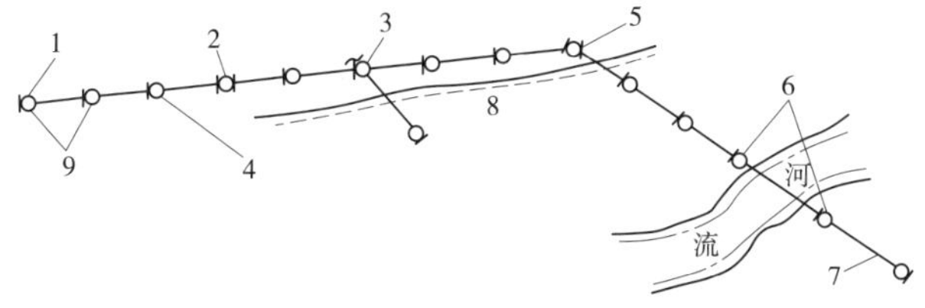

1—终端杆;2—耐张杆;3—分支杆;4—直线杆;5—转角杆;6—跨越杆;7—导线;8—公路;9—电杆及横担

图 1-6　各种电杆俯视图

1. 直线杆

直线杆主要承受导线、绝缘子、金具及凝结在导线上的冰雪重力,同时承受侧面的风力。直线杆应用广泛,占全部电杆数量的 80%左右,无拉线,如图 1-7 所示。

2. 耐张杆

耐张杆除能承担导线、绝缘子、金具及凝结在导线上的冰雪重力及侧面的风力外,还能承受一侧顺线路方向的导线拉力,当线路出现倒杆、断线事故时,能将事故限制在两根耐张杆之间,防止事故扩大,如图 1-8 所示。

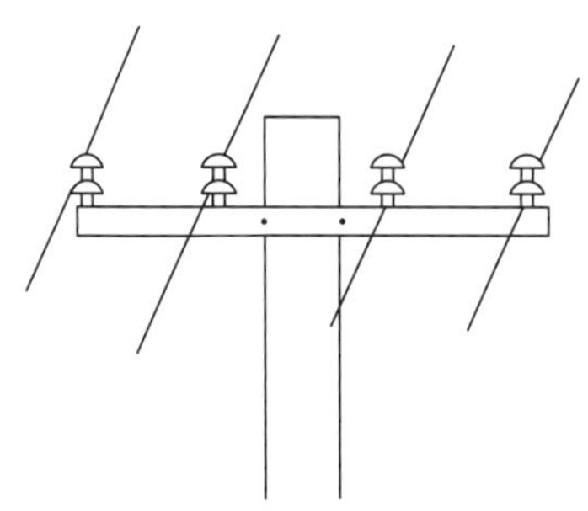

图 1-7　直线杆示意图

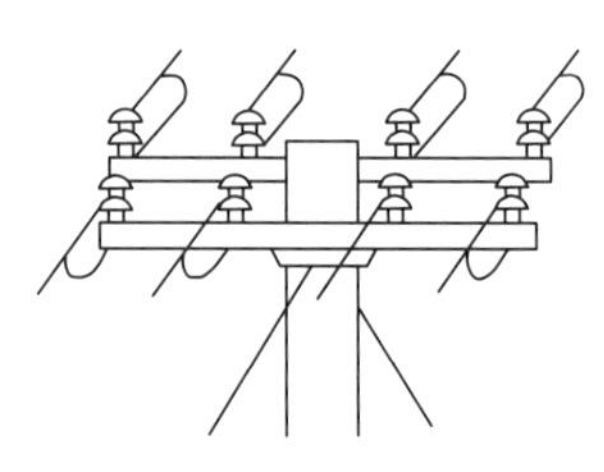

图 1-8　耐张杆示意图

3. 转角杆

转角杆使用在线路的转角处，能承受两侧导线的合力。转角在 15°以下时，宜采用转角直线杆；转角在 15°~45°时，应采用转角耐张杆；转角在 45°以上时，应采用十字转角耐张杆。转角杆在两侧导线作用力的合力反方向设置拉线，来平衡线路转角所产生的不平衡力，如图 1-9 所示。

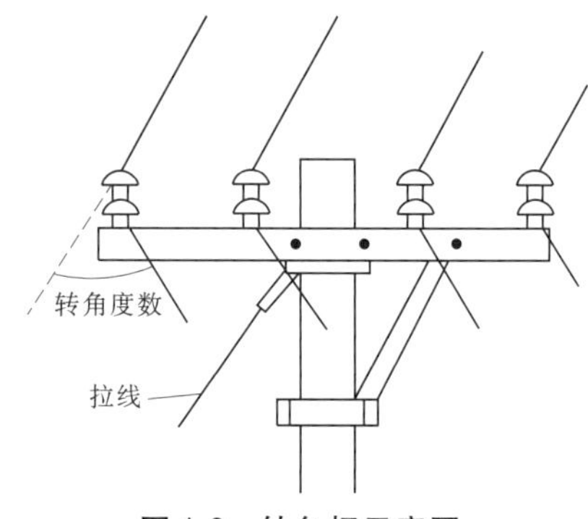

图 1-9　转角杆示意图

4. 终端杆

终端杆使用在线路的始端和终端，承受导线单侧的顺线路方向拉力，需要设置与导线拉力反方向的拉线，以平衡不平衡张力。

5. 分支杆

分支杆用于在主线路分接支线时的节点，仅向一侧分支的为 T 形分支杆，同时向两侧分支的为十字形分支杆，分支杆需要在分支线路出线的反方向设置拉线。

6. 跨越杆

跨越杆用于跨越河道、公路、铁路、工厂或居民区等特殊地形的支撑点，故一般需要将电杆加高，以满足导线弧垂的要求。

四、横担

架空配电线路的横担主要用于支持绝缘子、导线、隔离开关、避雷器等设备，承担着导线向电杆传递的所有荷载力，因此横担需要有足够的机械强度。横担可使导线与电杆之间、导线与导线之间保持一定的安全距离，防止风吹或其他作用力使导线产生摆动而造成短路，从而保证线路安全运行。横担的长度取决于线路电压等级的高低、档距的大小、安装方式和使用地点等，常见低压配电线路横担示意图如图 1-10 所示。

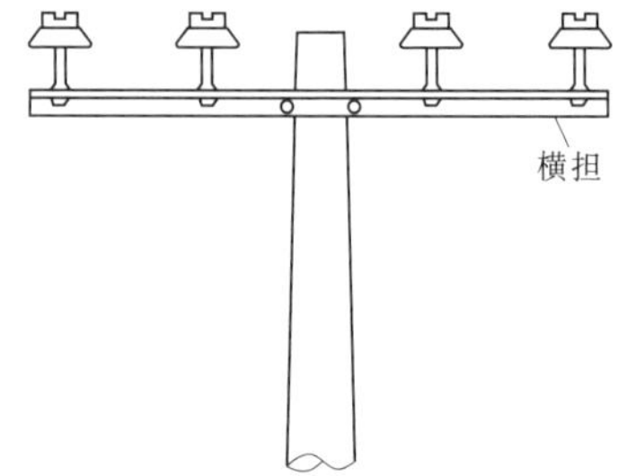

图 1-10　常见低压配电线路横担示意图

（一）按材质分类

按照材质分，配电线路常见的横担有角铁横担、瓷横担和木横担三种，目前低压配电线路的横担多采用热镀锌角铁横担及瓷横担，如图 1-11 所示。

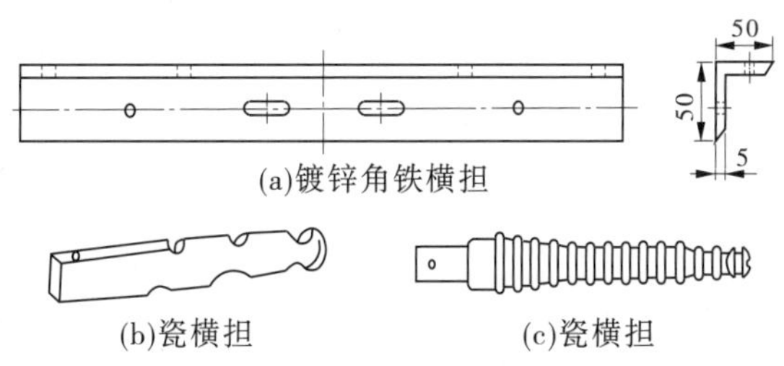

图 1-11　低压架空线路常用横担

角铁横担具有机械强度高、承受荷载大、不易破碎等优点，但其存在镀锌层损坏后易锈蚀、比较笨重、不利于安装和检修等缺点，广泛应用于中、低压配电线路的钢筋混凝土电杆。

瓷横担具有良好的电气绝缘性能，可以同时起到横担和绝缘子的作用。瓷横担造价低、耐雷水平较高、自然清洁效果好、事故率比较低，可减少线路维护频次，在污秽地区使用比针式绝缘子更加可靠。同时，瓷横担比较轻，便于安装和检修。

（二）按功能分类

按横担的用途可将其分为直线横担、耐张横担、转角横担。直线横担安装在直线电杆上，将导线的自重、水平风荷、覆冰等荷载传递到电杆上，直线横担不能承担顺线路方向的导线不平衡张力，一般安装为单横担，如图 1-7 所示。耐张横担安装在耐张电杆上，除承担将导线的自重、水平风荷、覆冰等荷载传递到电杆的功能外，还承担着将导线顺线路方向的不平衡张力传递到电杆的功能，故需要安装双横担，如图 1-8 所示。转角横担安装在转角电杆上，起到将导线的自重、水平风荷、覆冰及导线顺线路方向的不平衡张力传递到电杆的作用。根据转角角度的大小设置横担安装塔形式，当转角角度在 15°以下时采用单横担；15°～45°时采用双横担；45°以上时采用十字横担，如图 1-9 所示。

（三）横担的安装

按照横担的受力及安装方式可分为单横担、双横担、多回路及分支线路的多层横担等。单横担通常安装在电杆线路编号的大号（受电）侧；分支杆、转角杆及终端杆的单横担应安装在拉线侧，30°及以下的转角横担应与角平分线方向一致。

横担的安装应平整，端部上、下和左、右斜扭不得大于 20 mm。低压配电线路采用水平排列时，横担与水泥杆顶部的距离为 200 mm。同塔架设的双回路或多回路线路，横担间的垂直距离不应小于表 1-5 中的规定。

表 1-5　同杆架设线路横担间的最小垂直距离

导线排列方式	直线杆(m)	分支杆或转角杆(m)
高压线与高压线	0.80	0.45(距上横担)
		0.60(距下横担)
高压线与低压线	1.20	1.00
低压线与低压线	0.60	0.30

五、绝缘子

绝缘子是架空电力线路的主要元件之一，又称瓷瓶，通常用于使导线与杆塔之间保持足够的绝缘距离，因此绝缘子必须有良好的绝缘性能和足够的机械强度。按照绝缘的材质可分为陶瓷绝缘子、玻璃绝缘子和复合绝缘子(有机硅人工合成绝缘子)，中、低压配电线路中所用的绝缘子主要是陶瓷绝缘子和合成绝缘子；按照形状和结构形式可分为针式绝缘子、悬式绝缘子、蝶式绝缘子、柱式绝缘子、瓷横担绝缘子等；按功能不同可分为普通型绝缘子和防污型绝缘子。

(一)针式绝缘子

针式绝缘子又叫直瓶或立瓶，为内浇装("瓷包铁")结构，制造简易、价格便宜，但承受导线张力不大，耐雷水平不高，主要用于中、低压配电线路的直线杆及非耐张的转角杆、分支杆及耐张跳线等非耐张或张力不大的绝缘子，如图 1-12 所示。

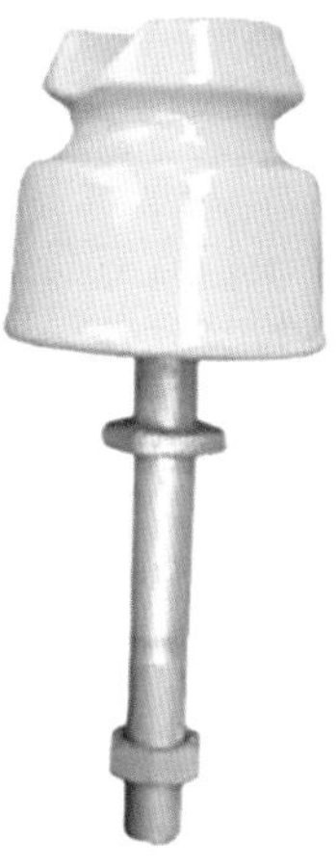

图 1-12　针式绝缘子

(二)悬式绝缘子

悬式绝缘子具有良好的电气绝缘性能和较高的机械强度，按防污性能分为普通型和防污型两种，按制造材料又分为瓷悬式和钢化玻璃悬式两种，用于低压线路的耐张杆或 10 kV 及以上线路的直线杆上，如图 1-13 所示。

图 1-13　悬式绝缘子示意图

(三)蝶式绝缘子

蝶式绝缘子常用于低压配电线路上，作为直线或耐张绝缘子，也可同悬式绝缘子配

套,用于 10 kV 配电线路中,如图 1-14(a)所示。

(四)柱式绝缘子

柱式绝缘子用途与针式绝缘子大致相同,并且浅槽裙边使其自洁性能较好,抗污闪能力要比针式绝缘子强,因此在配电线路上应用非常广泛,如图 1-14(b)所示。

(五)瓷横担绝缘子

瓷横担绝缘子为外浇装结构实心瓷体,其一端装有金属附件,能起到绝缘子和横担的双重作用。当断线时,不平衡张力使瓷横担转动到顺线路位置,由抗弯变成承受拉力,起到缓冲作用并可限制事故范围,如图 1-14(c)所示。

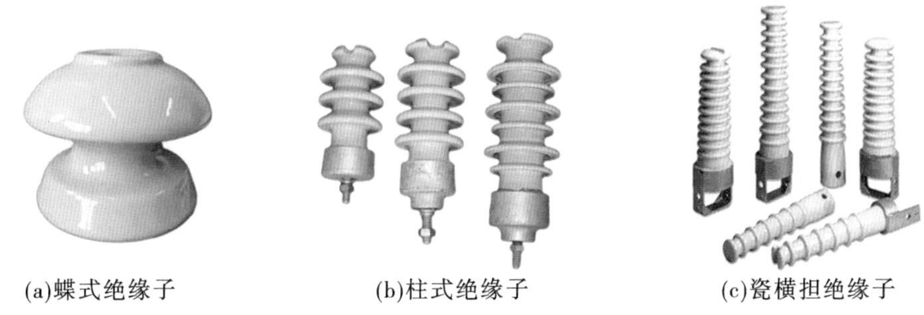

(a)蝶式绝缘子　(b)柱式绝缘子　(c)瓷横担绝缘子

图 1-14　蝶式绝缘子、柱式绝缘子及瓷横担绝缘子

(六)合成绝缘子

合成绝缘子是一种新型的防污绝缘子,尤其适合污秽地区使用,能有效地防止输电线路污闪事故的发生,具有体积小、质量轻、清扫周期长、污闪电压高、不易破损、运输和安装省力方便等优点,广泛应用在中、高压输配电线路中,如图 1-15 所示。

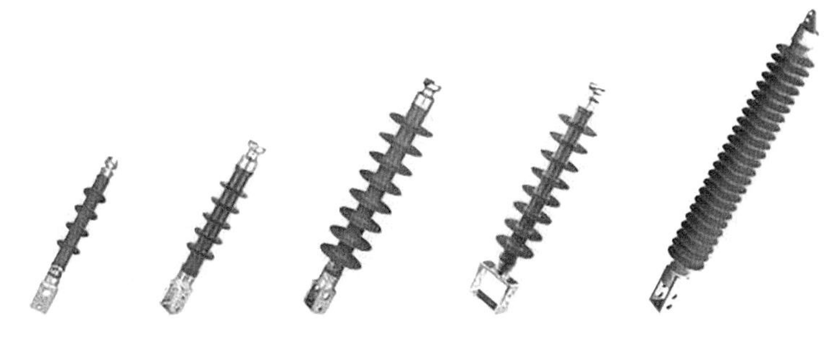

图 1-15　合成绝缘子示意图

陶瓷绝缘子内部结构中,瓷瓶主体主要用于元件的绝缘,水泥在瓷体与钢件间起连接黏合作用,铁脚和钢帽用于与其他构件的连接。

(七)绝缘子的安装要求

针式绝缘子、悬式绝缘子、蝶式绝缘子、柱式绝缘子、瓷横担绝缘子与横担通过螺栓直接连接,悬式绝缘子与横担间需要通过直角挂板、球头挂环等连接金具进行连接,低压配电线路绝缘子与横担的连接安装如图 1-16 所示。

(1)绝缘子的额定电压应符合线路电压等级要求。安装前检查有无损坏,并用 2 500 V 绝缘电阻表测试,其绝缘电阻不低于 500 MΩ。

(2)紧固横担和绝缘子等各部分的螺栓直径应大于16 mm,绝缘子与铁横担之间应垫一层薄橡皮,以防紧固螺栓时压碎绝缘子。

(3)螺栓应由上向下插入横担的绝缘子中心孔,螺母要拧在横担下方,螺栓两端均需套垫圈。

(4)螺母需拧紧,但不能压碎绝缘子。

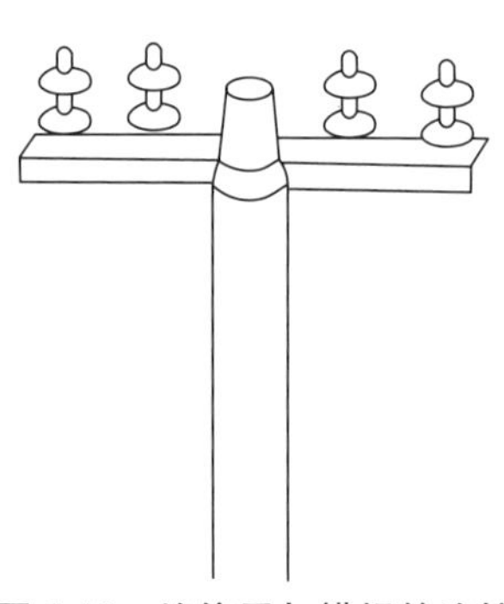
图 1-16　绝缘子与横担的连接

六、金具

金具即由金属材质制作而成的结构,在架空配电线路中,用于电杆、横担、拉线及导线、绝缘子间的连接与固定的金属附件,被称为电力系统中的金具。金具一般都是由铸钢和可锻铸铁制成的,具有足够的机械强度,对于与导线直接连接的金具,还要具有良好的导电性能。按金具的主要性能和用途,一般分为悬吊金具、锚固金具、连接金具、接续金具、防护金具、接触金具、固定金具 7 大类。

1. 悬吊金具

悬吊金具又称为支持金具或悬垂线夹,这种金具主要用来悬挂导线于直线绝缘子串上及悬挂耐张跳线于绝缘子串上,如图 1-17 所示。

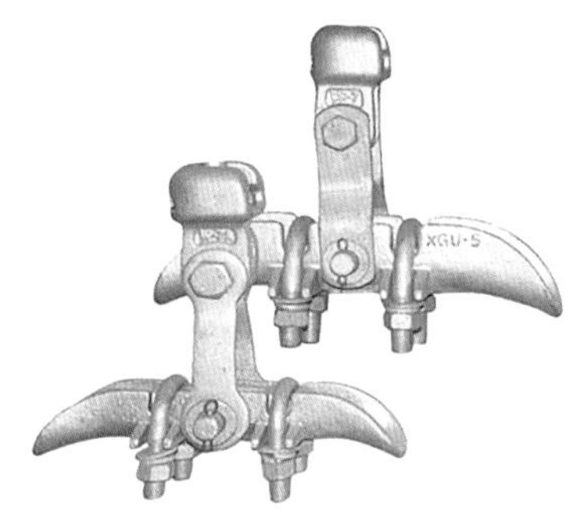

图 1-17　悬垂线夹

2. 锚固金具

锚固金具又称为紧固金具或耐张线夹,包括连接导线用的螺栓型耐张线夹、压缩型耐张线夹,连接拉线用的楔型耐张线夹和楔型 UT 形耐张线夹。

(1)螺栓型耐张线夹。这种金具主要用来紧固导线的终端,使其固定在耐张绝缘子串上,也用于避雷线终端的固定及拉线的锚固。锚固金具承担着导线、避雷线的全部张力,有的锚固金具亦作为导电体,如图 1-18 所示。

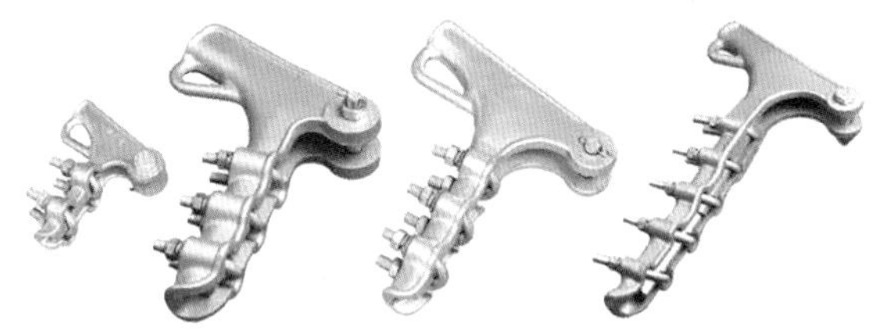
图 1-18　螺栓型耐张线夹

(2)楔型耐张线夹。楔型耐张线夹利用楔的劈力作用,使钢绞线锁紧在线夹内,主要用来安装钢绞线,安装拆卸方便。线夹在安装好钢绞线后,出口端头与承力线以 8 号镀锌铁丝或采用钢线卡子将断头在切线点固定,如图 1-19 所示。

楔型耐张线夹的形状及标准参数如图 1-20 及表 1-6 所示。

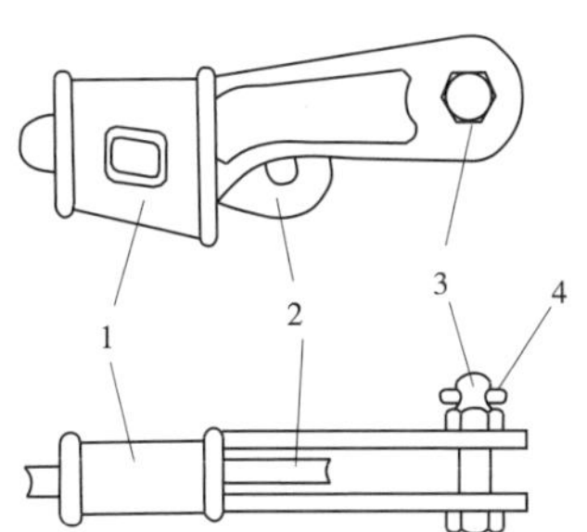

1—楔型线夹;2—舌板;3—连接螺栓;4—销子

图 1-19 楔型耐张线夹

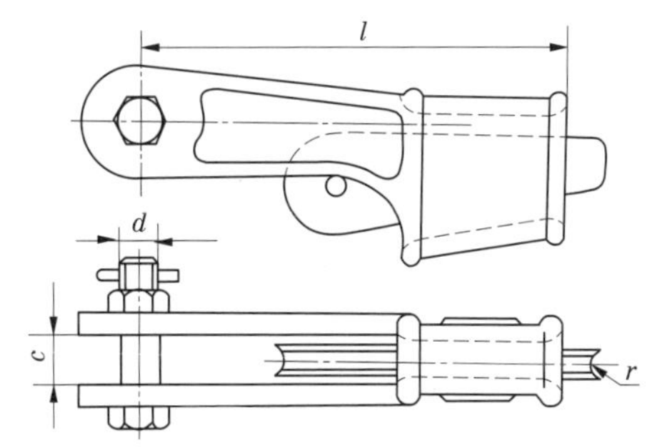

图 1-20 楔型耐张线夹形状

表 1-6 楔型耐张线夹参数

型号	适用钢绞线		主要尺寸(mm)				质量(kg)
	型号	外径(mm)	*c*	*d*	*l*	*r*	
NE-1	GJ-25	6.6	18	16	150	6.0	1.20
	GJ-35	7.8					
NE-2	GJ-50	9.0	20	18	180	7.3	1.80
	GJ-70	11.0					

(3)楔型 UT 形耐张线夹。在电杆的拉线安装或运行过程中,均需调整拉线的拉力,使之平衡。为便于拉线的安装或调整,将拉线下端通过楔型 UT 形耐张线夹与拉棒连接。楔型 UT 形耐张线夹由楔母、楔子和具有一定调整范围的长 U 形螺栓组成,其形状及标准参数如图 1-21 及表 1-7 所示。

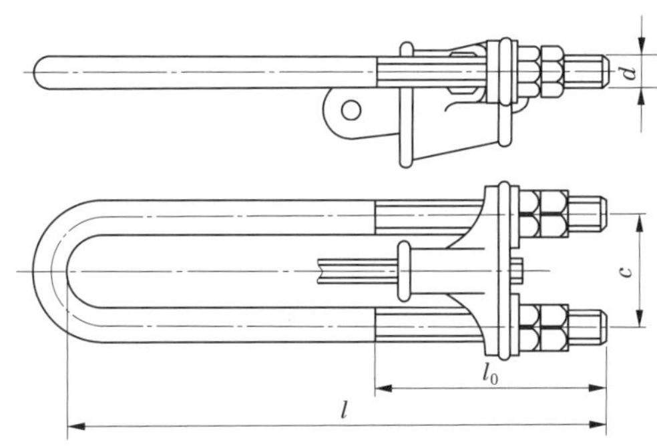

图 1-21 楔型 UT 形耐张线夹形状

表 1-7　楔型 UT 形耐张线夹参数

型号	适用钢绞线		主要尺寸(mm)				质量(kg)
	型号	外径(mm)	c	d	l_0	l	
NUT-1	GJ-25	6.6	56	16	200	350	2.10
	GJ-35	7.8					
NUT-2	GJ-50	9.0	62	18	250	430	3.20
	GJ-70	11.0					

3.连接金具

连接金具又称为挂线零件。这种金具主要用于绝缘子连接成串及金具与金具之间的连接,如将绝缘子串与杆塔、线夹与绝缘子串、架空地线线夹与杆塔进行连接的金具,这种金具将承受机械荷载。常用的连接金具有球头挂环、碗头挂板、直角挂板、平行挂板、直角挂环、U 形挂环等。

配电线路中的接续金具主要有以下几种。

1)球头挂环

球头挂环是用来连接球形绝缘子上端铁帽(碗头)的。根据使用条件的不同,分为用于圆形连接的 Q 形球头挂环,如图 1-22(a)所示,专用于螺栓平面接触的 QP 球头挂环,如图 1-22(b)所示。

2)碗头挂板

碗头挂板是用来连接球形绝缘子下端钢脚(球头)的,根据使用条件的不同,有单联碗头和双联碗头两种形式,如图 1-22(c)和图 1-22(d)所示。

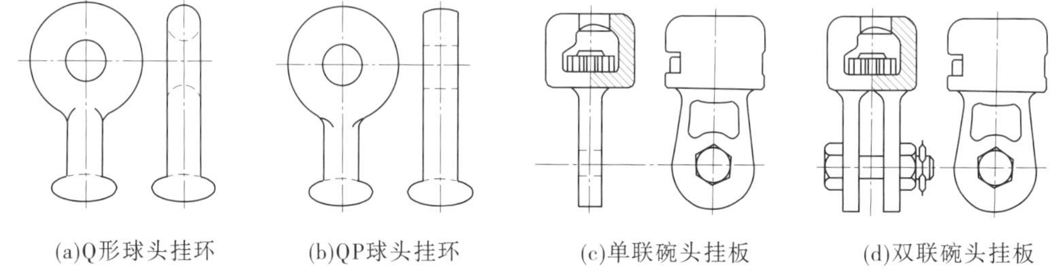

(a)Q形球头挂环　(b)QP球头挂环　(c)单联碗头挂板　(d)双联碗头挂板

图 1-22　球头挂环、碗头挂板示意图

3)直角挂板

直角挂板是一种转向金具,可按使用要求去改变绝缘子串的连接方向,改变 90°角,故称为直角挂板。常用螺栓式直角挂板的形状如图 1-23(a)和 1-23(b)所示。

4)平行挂板

平行挂板用于单板与单板及单板与双板的连接,也可用于连接槽形悬式绝缘子。平行挂板有三腿式和四腿式两种,形状如图 1-23(c)和图 1-23(d)所示。

5)直角挂环

直角挂环是专门用来连接悬式或槽形绝缘子的,其形状如图 1-24(a)所示。

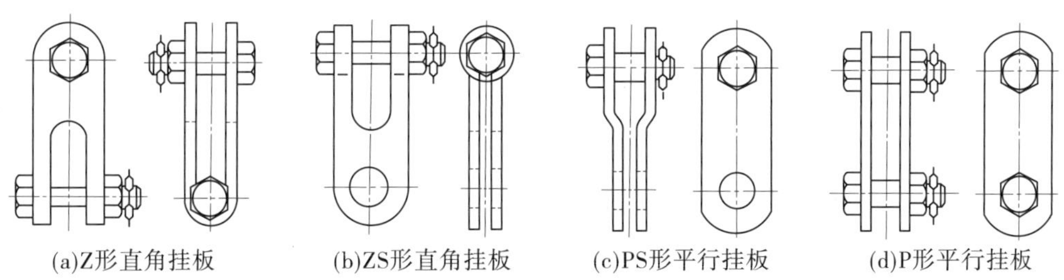
(a)Z形直角挂板　(b)ZS形直角挂板　(c)PS形平行挂板　(d)P形平行挂板

图 1-23　直角挂板和平行挂板的基本结构

6) U 形挂环

U 形挂环是一种最通用的金具，它可以单独使用，也可以几个一起组装起来使用，形状如图 1-24(b)所示。

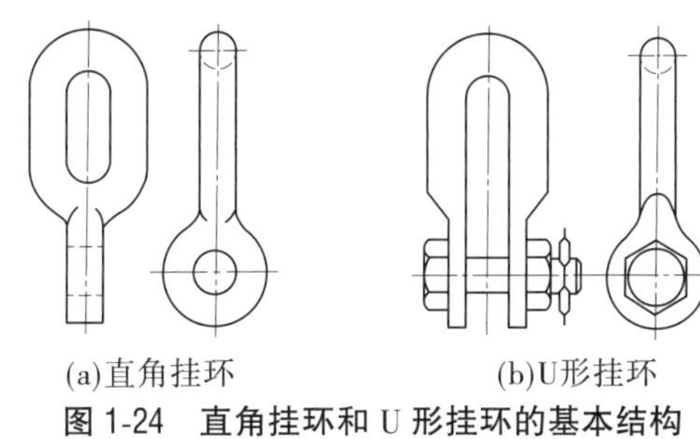
(a)直角挂环　(b)U形挂环

图 1-24　直角挂环和 U 形挂环的基本结构

4. 接续金具

接续金具专门用于接续各种裸导线、避雷线，接续金具承担着与导线相同的电气负荷，大部分接续金具承担导线或避雷线的全部张力。接续金具主要用于架空线路的导线、非直线杆塔跳线的接续及导线补修等。常用接续金具如下。

1) 钳压管

中、低压配电线路中使用较多的钳压管有供中小截面的铝绞线使用和供钢芯铝绞线使用两种规格，如 1-25(a)所示。

2) 并沟线夹

并沟线夹适用于在不承受拉力的部位接续，如耐张杆塔的弓子线，如图 1-25(b)所示。

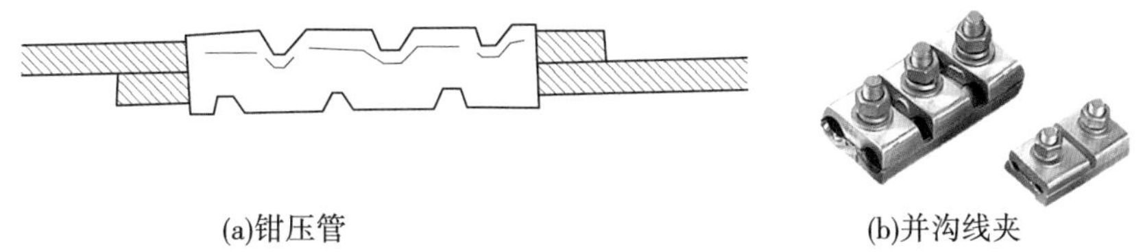
(a)钳压管　(b)并沟线夹

图 1-25　接续金具示意图

5. 防护金具

防护金具主要用于保护导线、绝缘子等，如保护绝缘子用的均压环，防止绝缘子串上拔所用的重锤及防止导线振动用的防振锤、护线条等，如图 1-26 所示。

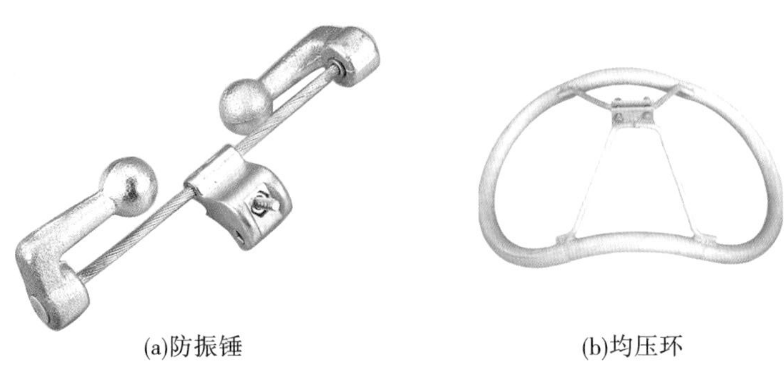
(a)防振锤　　(b)均压环

图 1-26　防护金具示意图

6. 接触金具

接触金具主要用于硬母线、软母线与电气设备出线端子的连接，导线的 T 形连接及不承力的并线连接等，这些连接处都是电气连接，需要金具具有较高的导电性能和接触稳定性。

7. 固定金具

固定金具又称为电厂金具或大电流母线金具。这种金具主要用于配电装置中的各种硬母线或软母线与支柱绝缘的固定、连接等，大部分固定金具不作为导线体，仅起到固定、支持和悬吊的作用。但由于这些金具用于大电流，故所有元件均应无磁滞损失。

第二节　0.4 kV 架空线路连接方式

由于我国电网系统的用电负荷正逐年增加，逐渐变大的压力促使我们不得不在电网的建设上加大建设力度，使我国的电网系统建设工作能够得到有效的推进。电力系统最主要的作用是有效保障居民的日常用电，并确保企业日常生产能够顺利进行，高质量的供电系统需要选择合理的接线方式保证系统稳定地运行并提升安全性，研究接线方式的主要目的就是使整个配电系统能够稳定、安全、可靠。

一、TN 接线方式

我国低压配电网中大多数采用 TN 接线方式，而 TN 系统又可分为 TN-S 接线方式、TN-C 接线方式和 TN-C-S 接线方式。在此三个接线方式中，变压器低压中性点都接地，该接地称为工作接地或配电系统接地。工作接地的作用是保持系统电位的稳定性，即减轻低压系统由高压窜入低压等原因所产生过电压的危险性，主要保护设备的正常运行。另外，TN 接线方式中保护中性线上一处或多处通过接地装置与大地再次连接的接地称为重复接地，重复接地能降低漏电设备的对地电压，减轻零线断裂时的触电危险，缩短碰壳或接地短路故障的持续时间，对照明线路能避免零线断线而引起的烧坏灯泡等事故发生。

（一）TN-S 接线方式

在 TN-S 接线方式中，电源中性点直接接地，电气设备外露部分与电源中性点相连并接地，采用三相五线制供电，即分别引出三根火线（L1、L2、L3）、零线（N）、保护地线

(PE),并且整个接线方式的N线与PE线是分开的。

TN-S接线方式如图1-27所示,它的特点是:N线与PE线分开,其好处是接零与接地互不影响。在这里,由于N线与PE线是连通的,都经主接地线连至主接地体,而N线与PE线分开后一般就不再合并,当电气设备相线碰壳,直接短路,可采用过电流保护器切断电源;当N线断开,如三相负荷不平衡,中性点电位升高,但外壳无电位,PE线也无电位。TN-S接线方式中PE线首末端应做重复接地,以减少PE线断线造成的危险。

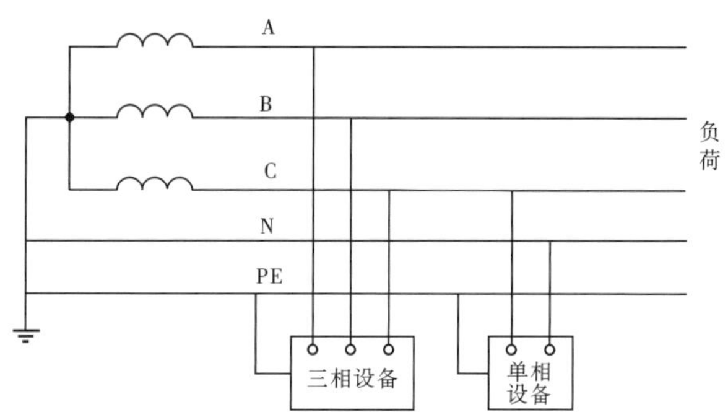

图1-27 TN-S 接线方式

TN-S接线方式适用于工业企业、大型民用建筑中,特别是装有漏电保护开关的线路中。所以一般在建筑的基建以及居民住宅和大型楼盘中,因对安全的要求较高,均采用TN-S接线方式。另外,由于PE线中无电流通过,因此设备之间不会产生电磁干扰,所以该接线方式也常在抗电磁干扰要求高的数据处理和精密检测等实验场所中应用。

需要注意的是,这种接线方式保护接地线绝对不允许断开,否则在接地设备发生带电部分碰壳或漏电时,就构不成单相回路,电源就不会自动断开,相关规程规定专用保护线必须在首末端做重复接地。

(二)TN-C 接线方式

TN-C接线方式如图1-28所示,其特点是N线与PE线合在一起为PEN线,电源中性点接地,电气设备外露部分与电源中性点相连并接地,整个接线方式的中性线(N)与保护地线(PE)是共用的,即三相四线制接线(L1、L2、L3、PEN)方式。这样做的好处是比较节约铜排的使用量,节约了投资,较为经济。

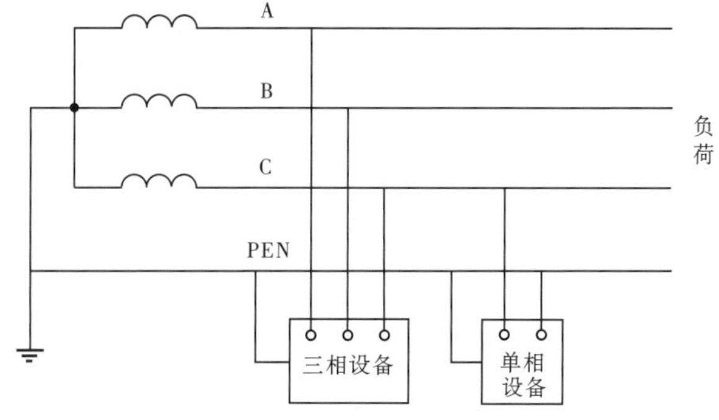

图1-28 TN-C 接线方式

TN-C 接线方式是利用中性点接地接线方式的中性线作为故障电流的回流导线，当电气设备相线碰壳，故障电流经零线回到中点，由于支路电流大，因此可采用过电流保护器切断电源。

TN-C 接线方式在我国低压配电接线方式中应用最为普遍，适用于三相负荷基本平衡的场合；将 PEN 线重复接地，其作用是当接零的设备发生相与外壳接触时，可以有效地降低零线对地电压。但是当三相不平衡时，在零线上出现不平衡电流，零线对地呈现电压。当三相负载严重不平衡时，触及零线可能导致触电事故；如果接线方式为一个单相回路，当 PEN 线中断时，设备外壳对地将带 220 V 的故障电压，电击伤的危险很大。由于 TN-C 接线方式在操作方面比较浅显易懂，且使用的成本也比较低，所以常常受到电力企业的青睐。

（三）TN-C-S 接线方式

TN-C-S 接线如图 1-29 所示，TN-C-S 接线方式综合了 TN-C 接线方式和 TN-S 接线方式的特点。在 TN-C-S 接线方式中，N 线与 PE 线合在一起为 PEN 线，但在设备用电处又将 N 线和 PE 线分开，即变压器引出为 TN-C（中性线和保护地线合一）方式，在某级配电接线方式开始将 PE 与 N 从 PEN 中区分开。这种接线方式是在前两种接线方式的基础之上升级得到的新接线方式，其好处是节约大部分铜排使用量的同时，在设备处又能达到安全使用。

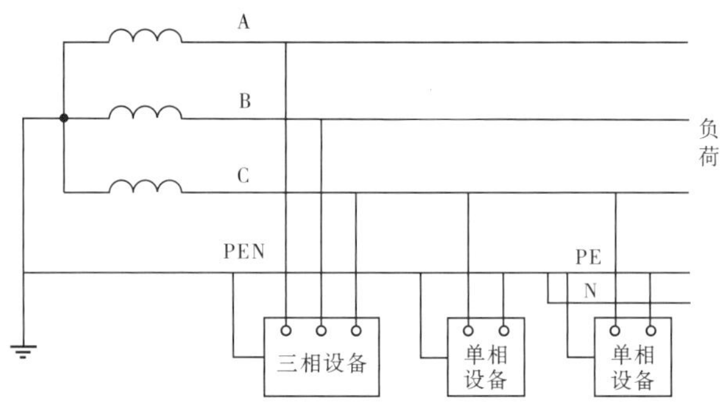

图 1-29　TN-C-S 接线方式

但是这种接线方式只能在三相负载平衡时提供很好的供电效果，若是出现不平衡的情况，那么我们就必须要启用 TN-S 接线方式。正因为 TN-C-S 接线方式集结了 TN-C 接线方式以及 TN-S 接线方式这两种接线方式的优势，因此该接线方式在各种场合都得到了青睐，应用的范围也更加广。为了节约投资又要符合运行要求情况下均可采用这种接线方式。

二、TT 接线方式

TT 接线方式如 1-30 所示，中性点接地与 PE 线接地分开，中性线 N 与 PE 线无连接，设备的外壳不与 N 线连接，而是单独接地。由于 TT 接线方式中各设备的外露可导电部分的接地 PE 线是分开的，互无电气连接，因此相互之间不会发生电磁干扰问题。其好处是比较节约铜排的使用量，所以一般在一些大型的钢厂、化工厂等使用。但是该接线方式出现绝缘不良引起漏电时，设备金属外壳所带的故障电压较大而电流较小，漏电电流较小可能不足以使线路的过电流保护动作。为消除 TT 接线方式的缺陷，提高用电安全保障及可靠性，该接线方式必须装设灵敏度较高的漏电保护装置，以确保人身安全。

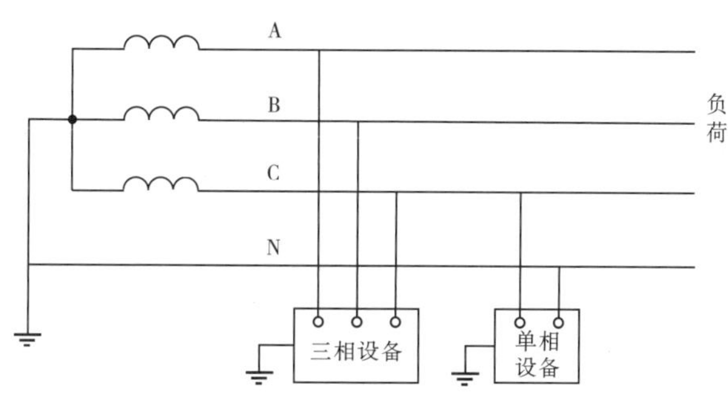

图 1-30 TT 接线方式

TT 接线方式可以在低压电网电压发生泄漏时帮助实现降低用电器外壳的电压，以有效地避免因为电压过大而使人的身体与之触碰的时候发生触电的危险。但在实现低压电器外壳与大地连接时，TT 供电接线方式能够实现的保护效果并不理想，没有办法使居民的用电得到有效保障。

TT 接线方式在国外被广泛应用，在国内仅限于局部对接地要求高的电子设备场合，目前在施工现场一般不采用此接线方式。

三、IT 接线方式

IT 接线方式如图 1-31 所示，这种接线方式的特点是电源点经过一个高阻抗接地或者不接地，设备的外壳直接接地。IT 接线方式是没有中性线，因此不适合接额定电压为相电压的单相用电设备，只能接额定电压为线电压的单相用电设备。该接线方式由于没有中性线，所以也非常节约铜排的使用量。并且其最大优势就在于能够有效地保障供电的连续性，因此 IT 接线方式在应急用电方面应用得非常广。该接线方式主要用于对连续供电要求较高及有易燃易爆危险的场所，特别是矿山、井下等场所的供电。

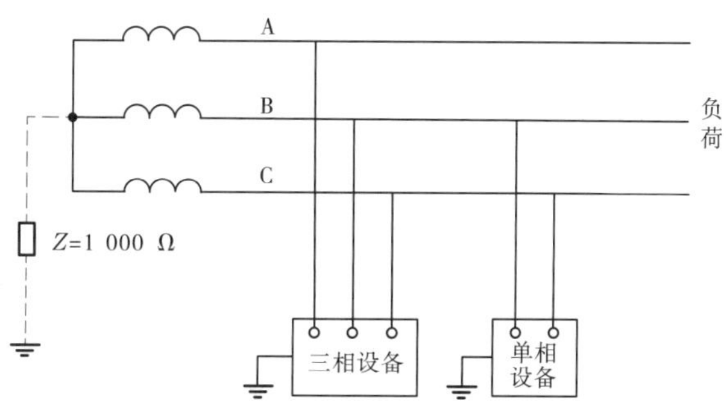

图 1-31 IT 接线方式

第三节　0.4 kV 架空线路不停电作业简介

一、概述

配网不停电作业属于带电作业范畴，为带电作业中的一种，是以实现用户的不停电或短时停电为目的，采用多种方式对设备或线路进行检修的作业。随着经济发展和人民生活水平的提高，用户对供电可靠性的要求也越来越高，而开展配网不停电作业是提高供电可靠性最直接、最有效的措施。配网不停电作业可根据电压等级划分为中压配网不停电作业和低压配网不停电作业，中压不停电作业主要满足 10~35 kV 电压等级线路或设备的不停电检修，低压不停电作业主要满足 0.4 kV 电压等级线路或设备的不停电检修。

低压不停电作业根据作业对象可分为 0.4 kV 架空线路不停电作业、0.4 kV 电缆线路不停电作业、0.4 kV 配电柜（房）不停电作业及 0.4 kV 低压用户不停电作业四个项目类别。

二、带电作业基本原理

（一）根据作业人员的人体电位分类

配网不停电作业属于带电作业范畴，可进行如下分类介绍。根据作业人员在带电作业过程中的人体电位，如图 1-32 所示，配网不停电作业可分为地电位作业法、中间电位作业法和等电位作业法三种。

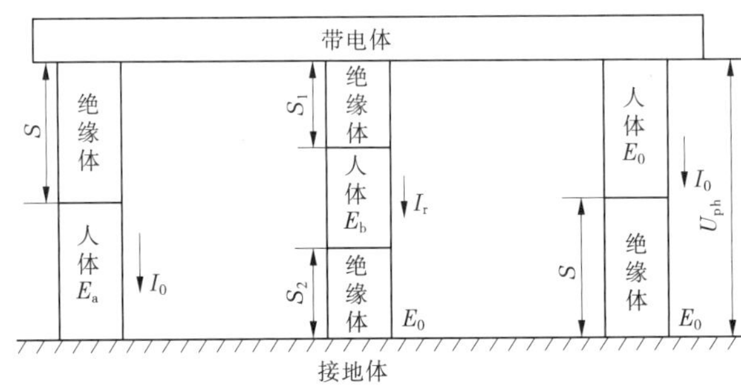

图 1-32　作业人员在带电作业过程中所处的不同电位

1. 地电位作业法工作原理

地电位作业法是指作业人员站在大地或杆塔上，使用绝缘工具间接接触带电设备的作业方法。流过人体的总电流 I 就是流过绝缘杆的泄漏电流 I_R 和电容电流 I_C 两个电流分量的相量和，即

$$I = I_R + I_C \tag{1-1}$$

地电位作业法的原理如图 1-33 所示。地电位作业法带电作业所用的环氧树脂类绝缘材料的电阻率很高，如用 3640 型绝缘管材制作的工具，其绝缘电阻均在 1 010~1 012

MΩ 以上。那么,在 10 kV 相电压下流过绝缘杆的泄漏电流为

$$I_R = U_{ph}/R_m = 5.77 \times 10^3/1\ 010 \approx 5.7(\mu A)$$

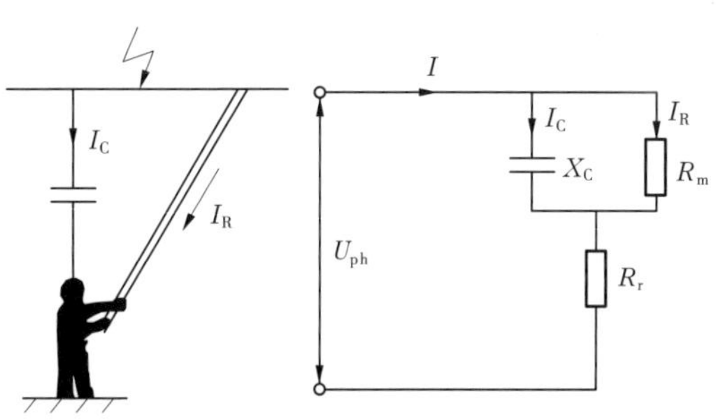

图 1-33　地电位作业法原理

在各电压等级设备上,当人体与带电体保持安全距离时,人与带电体之间的电容 C 为 $2.2\times10^{-12}\sim4.4\times10^{-12}$F,其容抗为

$$X_C = 1/(2\pi fC) \approx 0.72 \times 10^9 \sim 1.44 \times 10^9(\Omega)$$

在相电压下流过人体的电容电流为

$$I_C = U_{ph}/X_C = 5.77 \times 10^3/(1.44 \times 10^9) = 4(\mu A)$$

地电位作业法主要是通过绝缘工具来完成其预定的工作目标。其基本的操作方式可分为“支、拉、紧、吊”四种,它们的配合使用是间接作业的主要手段。

2. 中间电位作业法工作原理

中间电位作业法是指作业人员站在绝缘梯上或绝缘平台上,用绝缘杆进行作业的方法,即作业人员通过两部分绝缘体分别与接地体和带电体隔开,这两部分绝缘体仍然起着限制流经人体电流的作用。同时,作业人员还要依靠人体与接地体和带电体组成的组合间隙(两段空气间隙的和)来防止带电体通过人体对接地体发生放电。组合间隙是中间电位作业的主要技术条件之一,也是中间电位作业法的一大特征。由于人体电位高于地电位,体表强度相对来说也较高,应当采取相应的电场防护措施,以防止人体产生不适之感。中间电位作业法原理如图 1-34 所示。

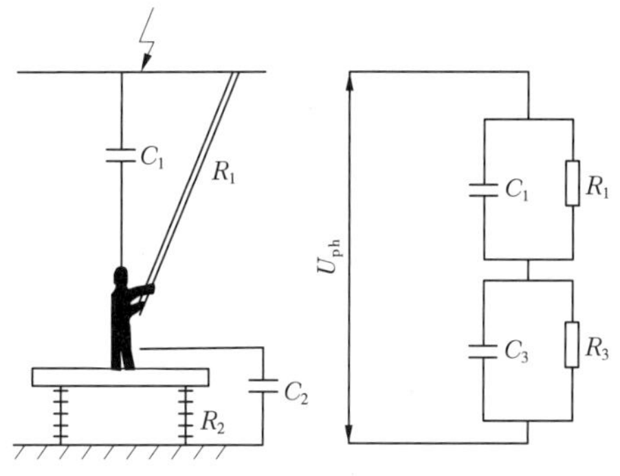

图 1-34　中间电位作业法原理

3. 等电位作业法工作原理

等电位作业法是指作业人员通过各种绝缘工具对地绝缘后进入高压电场的作业方法,即人体通过绝缘体与接地体绝缘,就能直接接触带电体进行作业。绝缘工具仍然起着限制流经人体电流的作用。同时,人体在绝缘装置上还需与接地体保持一定的安全距离,等电位作业法原理如图 1-35 所示。

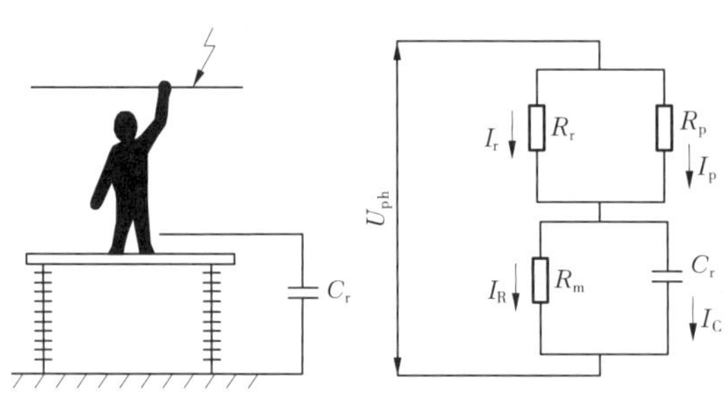

图 1-35 等电位作业法原理

由于带电体上及周围的空间电场强度十分强烈,所以等电位作业人员必须采用可靠的电场防护措施,使体表场强不超过人的感知水平。这样,等电位作业的安全才能得到保证。等电位作业时,人体电阻与屏蔽服电阻构成并联电路,其中人体电阻 R_r 较大(一般大于 800 Ω),屏蔽服电阻 R_p 较小(一般小于 20 Ω),这使数百微安电流大部分经屏蔽服流过,真正流过人体的电流是很小的。同时,人体电阻 R_r 与屏蔽服电阻 R_p 比起绝缘工具的绝缘电阻 R_m 及人体容抗 Z_C 要小得多,所以对总电流(I_R+I_C)几乎无影响。需特别注意的是,等电位作业法一般适用于 66 kV 及以上电压等级的带电作业中,由于配网线路相间或相地间的距离较小,无法满足组合间隙的要求,故在配网不停电作业中无法采用等电位作业法。

(二)按人体与带电体的相互关系分类

按人体与带电体的相互关系,带电作业分为间接作业法和直接作业法两种。

1. 直接作业法

直接作业法是指配电线路带电作业中,作业人员穿戴全套绝缘防护用具直接对带电体进行作业的方法(全绝缘作业法),如图 1-36 所示。虽然与带电体之间无间隙距离,但人体与带电体通过绝缘用具隔离开来,人体与带电体不是同一电位,对防护用具的要求是越绝缘越好。

2. 间接作业法

间接作业法是指作业人员不直接接触带电体,保持一定的安全距离,利用绝缘工具操作高压带电部件的作业。地电位作业法、中间电位作业法均属于这类作业法,如图 1-37 所示。

图 1-36 直接作业法

图 1-37 间接作业法

(三)按作业人员采用的绝缘工具分类

按作业人员采用的绝缘工具,带电作业法又可分为绝缘杆作业法和绝缘手套作业法两种。

1. 绝缘杆作业法

绝缘杆作业法是指作业人员与带电体保持足够的安全距离,以绝缘工具为主绝缘、绝缘穿戴用具为辅助绝缘的间接作业法,如图 1-38 所示。绝缘杆作业法既可在登杆作业中采用,也可在绝缘斗臂车或绝缘平台上采用。

2. 绝缘手套作业法

绝缘手套作业法是指以绝缘斗臂或绝缘平台为主绝缘,作业人员穿戴绝缘靴、绝缘手套、绝缘披肩等防护用具,直接接触带电体的作业方法。此时,人体电位与带电体并不是同一电位,因此并不是等电位作业,如图 1-39 所示。

图 1-38 绝缘杆作业法

图 1-39 绝缘手套作业法

三、0.4 kV 配网不停电作业分类

目前并没有现行的规范和标准对 0.4 kV 配网不停电作业进行分类,有关文献结合低压线路和设备现场工作需求,根据作业的对象进行分类,将 0.4 kV 不停电作业分为 0.4 kV 架空线路不停电作业、0.4 kV 电缆线路不停电作业、0.4 kV 配电柜(房)不停电作业及 0.4 kV 低压用户不停电作业四个项目类别,如表 1-8 所示。本书第三章主要针对

0.4 kV 架空线路不停电作业中常用作业项目进行介绍。

表 1-8　0.4 kV 配网不停电作业分类及主要项目模块

序号	项目类别	作业项目
1	架空线路不停电作业	0.4 kV 配网带电简单消缺
2		0.4 kV 带电安装低压接地环
3		0.4 kV 带电断低压接户线引线
4		0.4 kV 带电接低压接户线引线
5		0.4 kV 带电断分支线路引线
6		0.4 kV 带电接分支线路引线
7		0.4 kV 带电断耐张引线
8		0.4 kV 带电接耐张引线
9		0.4 kV 带负荷处理线夹发热
10		0.4 kV 带电更换直线杆绝缘子
11		0.4 kV 旁路作业加装智能配变终端
12	电缆线路不停电作业	0.4 kV 带电断低压空载电缆引线
13		0.4 kV 带电接低压空载电缆引线
14	配电柜(房)不停电作业	0.4 kV 低压配电柜(房)带电更换低压开关
15		0.4 kV 低压配电柜(房)带电加装智能配变终端
16		0.4 kV 带电更换配电柜电容器
17		0.4 kV 低压配电柜(房)带电新增用户出线
18	低压用户不停电作业	0.4 kV 临时电源供电
19		0.4 kV 架空线路(配电柜)临时取电向配电柜供电

第二章

0.4 kV架空线路不停电作业工器具介绍

第一节　绝缘操作类工器具

用于0.4 kV架空线路不停电作业的绝缘操作类工器具通常是用绝缘材料制成或包覆的操作工具，包括以绝缘管、棒、板为主绝缘材料，端部装配金属工具的硬质绝缘工具和由金属材料制成、全部或部分包覆有绝缘材料的手工工具。

一、绝缘操作棒

（一）主要作用

绝缘操作棒又称绝缘棒、绝缘杆、操作杆，绝缘操作棒一般采用玻璃钢环氧树脂手工卷制成型杆和机械拉挤成型杆。它的主要作用是接通或断开高压隔离开关、跌落保险，安装和拆除携带型接地线以及带电测量和试验工作，见图2-1。

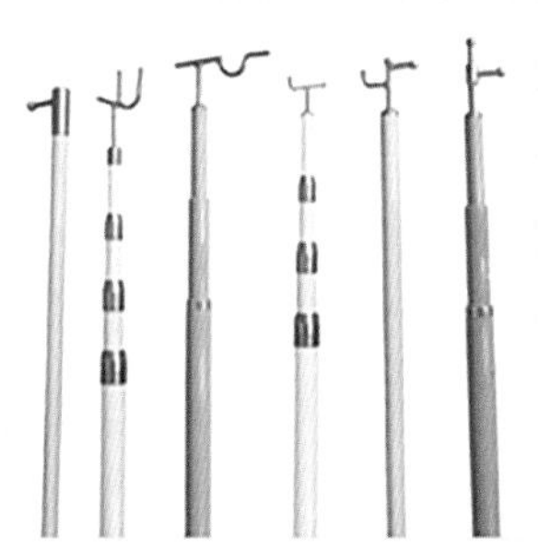

图2-1　绝缘操作棒

（二）使用方法和注意事项

（1）使用绝缘棒时，工作人员应戴绝缘手套和穿绝缘靴，与绝缘棒形成双重保护的作用，作业人员手持位置不能超出绝缘操作棒的手柄区域。

（2）在下雨、下雪或潮湿天气，在室外使用绝缘棒时，应装有防雨的伞形罩，以使防雨罩以下部分的绝缘棒保持干燥。

（3）使用绝缘棒时要注意防止碰撞，不得直接与墙或地面接触，以免损坏表面的绝缘层。

（4）绝缘棒应存放在干燥的地方，以防止受潮，一般应放在特制的架子上或垂直悬挂在专用挂架上，以防变形弯曲。

（5）绝缘棒在每次使用前应使用绝缘电阻测试仪检测其绝缘性能是否完好。

（6）绝缘棒应定期进行绝缘试验，一般每年试验一次，试验周期与标准参见有关标准。

二、放电棒

（一）主要作用

放电棒便于在室外各项高电压试验、电容元件中使用，在其断电后，对其积累的电荷进行对地放电，确保人身安全。伸缩型高压放电棒便于携带，方便、灵活，具有体积小、质量轻、安全的特点。放电棒如图 2-2 所示。

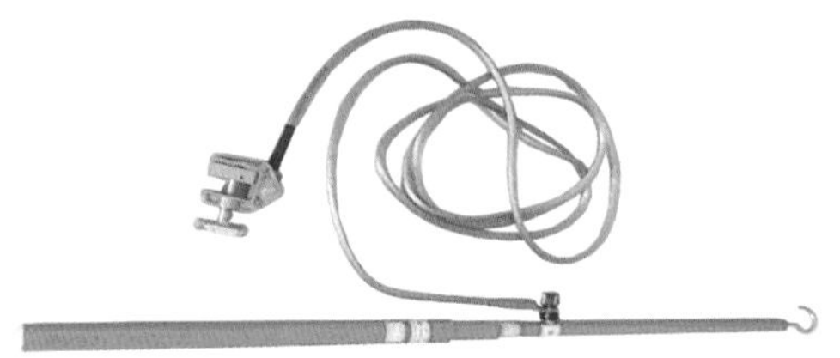

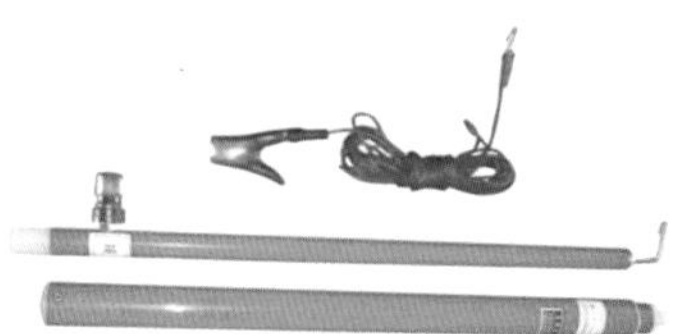

图 2-2　放电棒

（二）使用方法和注意事项

（1）把配制好的接地线插头插入放电棒头端部位的插孔内，将接地线的另一端与大地连接，接地要可靠。

（2）应在试验完毕或元件断电后，方可放电。

（3）放电时应先用放电棒前端的金属尖头，慢慢地去靠近已断电的试品或元件。再用放电棒上接地线上的钩子去钩住试品，进行第二次直接对地放电。

（4）大电容积累电荷的大小与电容的大小、施加电压的高低和时间的长短成正比。

（5）严禁未拉开试验电源用放电棒对试品进行放电。

（6）严禁将放电棒受潮，影响绝缘强度，应放在干燥的地方。

（7）放电棒应定期进行绝缘试验，一般每年试验一次，试验周期与标准参见有关标准。

三、绝缘夹钳

（一）主要作用

绝缘夹钳是用来安装和拆卸高、低压熔断器或执行其他类似工作的工具，如图 2-3 所示。

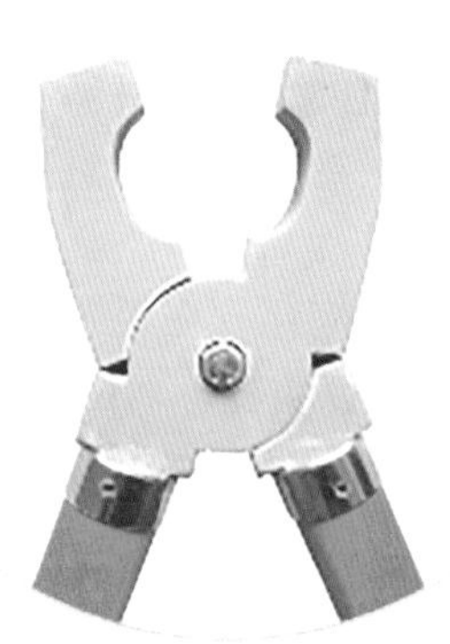

图 2-3　绝缘夹钳

（二）使用方法和注意事项

（1）绝缘夹钳不允许装接地线，以免操作时接地线在空中游荡造成接地短路和触电事故。

（2）在潮湿天气只能使用专用的防雨绝缘夹钳。

（3）绝缘夹钳要保存在特制的箱子里，以防受潮。

(4)工作时,应戴护目眼镜、绝缘手套和穿绝缘鞋或站在绝缘台(垫)上,手握绝缘夹钳要保持平衡。

(5)绝缘夹钳要定期试验,试验周期为一年。

四、绝缘绳

(一)主要作用

绝缘绳是广泛应用于带电作业的绝缘材料之一,可用作运载工具、攀登工具、吊拉绳、连接套及保安绳等。软质绝缘工具主要指以绝缘绳为主绝缘材料制成的工具,包括吊运工具、承力工具等。目前,带电作业常用的绝缘绳主要有蚕丝绳、锦纶绳等,其中以蚕丝绳应用得最为普遍。常见的有人身绝缘保险绳、导线绝缘保险绳、绝缘测距绳、绝缘绳套等,如图 2-4 所示。

(a)绝缘绳　　(b)绝缘绳套

图 2-4　绝缘绳

(二)使用方法和注意事项

软质绝缘工具具有灵活、简便、便于携带、适于现场作业等特点。在使用常规绝缘绳时,应特别注意避免受潮,不能将绝缘绳直接接触地面,以免沾水受潮。除了普通的绝缘绳索,还有防潮型绝缘绳索,在环境湿度较大情况下进行带电作业,必须使用防潮型绝缘绳。

五、绝缘手工工具

(一)主要绝缘手工工具

1. 定义

(1)包覆绝缘手工工具:由金属材料制成、全部或部分包覆有绝缘材料的手工工具。

(2)绝缘手工工具:除端部金属插入件外,全部或主要由绝缘材料制成的手工工具。

2. 手工工器具类别

1)螺丝刀和扳手

常见螺丝刀与扳手如图 2-5 所示。螺丝刀工作端允许的非绝缘长度:槽口螺丝刀最大长度为 15 mm,其他类型的螺丝刀(方形、六角形)最大长度为 18 mm。螺丝刀刃口的绝缘应与柄的绝缘连在一起,刃口部分的绝缘厚度在距刃口端 30 mm 的长度内不应超过 2 mm,这一绝缘部分可以是柱形的或锥形的。

扳手:操作扳手非绝缘部分为端头的工作面,套筒扳手非绝缘部分为端头的工作面

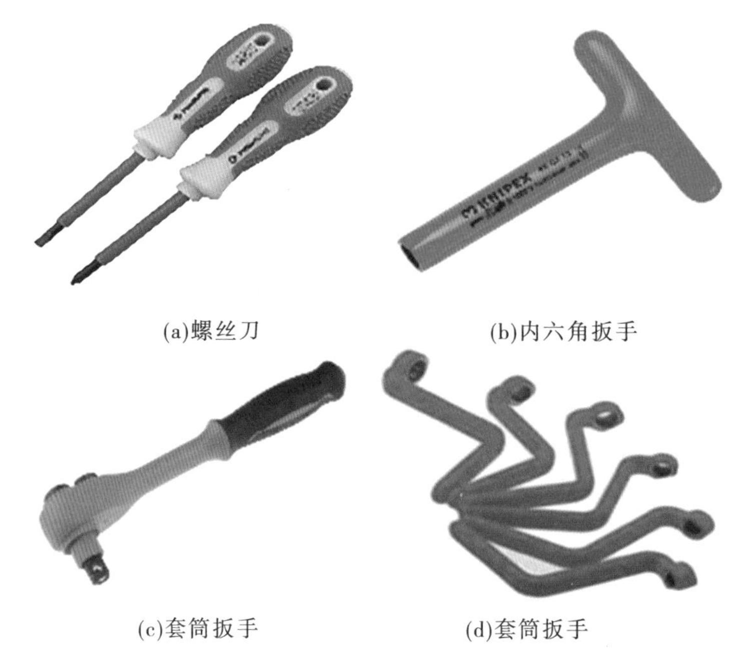

(a)螺丝刀　(b)内六角扳手

(c)套筒扳手　(d)套筒扳手

图 2-5　螺丝刀和扳手

和接触面。

2)手钳、剥皮钳、电缆剪

常用手钳、剥皮钳、电缆剪如图 2-6 所示。

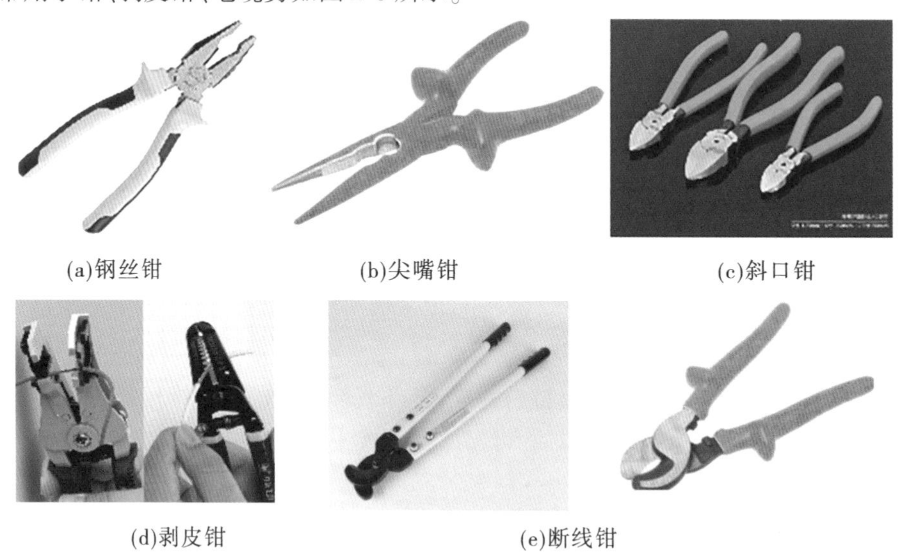

(a)钢丝钳　(b)尖嘴钳　(c)斜口钳

(d)剥皮钳　(e)断线钳

图 2-6　手钳、剥皮钳、电缆剪

绝缘手柄应有护手,以防止手滑向端头未包覆绝缘材料的金属部分,护手应有足够高度,以防止工作中手指滑向导电部分。

手钳握手左右,护手高出扁平面 10 mm;手钳握手上下,护手高出扁平面 5 mm。

护手内侧边缘到没有绝缘层的金属裸露面之间的最小距离为 12 mm，护手的绝缘部分应尽可能向前延伸以实现对金属裸露面的包覆。对于手柄长度超过 400 mm 的工具可以不需要护手。

3) 刀具

常见刀具如图 2-7 所示。

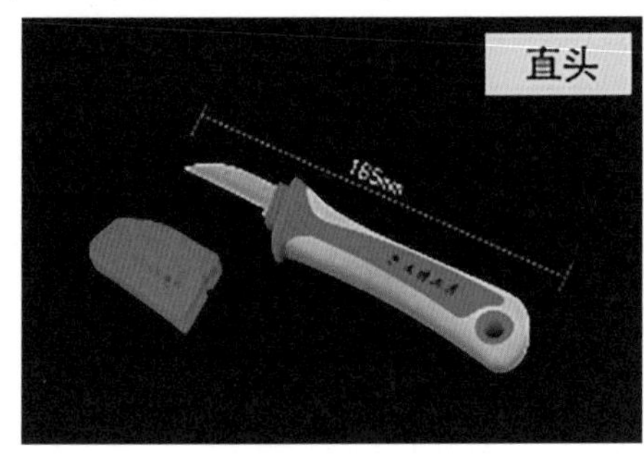

(a)绝缘电工刀(直头)

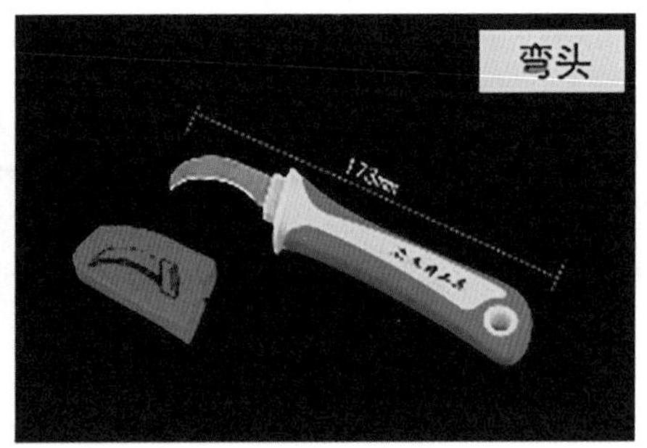

(b)绝缘电工刀(弯头)

图 2-7 刀具

绝缘手柄的最小长度为 100 mm。为了防止工作时手滑向导电部分，手柄的前端应有护手，护手的最小长度为 5 mm。

护手内侧边缘到非绝缘部分的最小距离为 12 mm，刀口非绝缘部分的长度不超过 65 mm。

4) 镊子

常用绝缘镊子如图 2-8 所示。

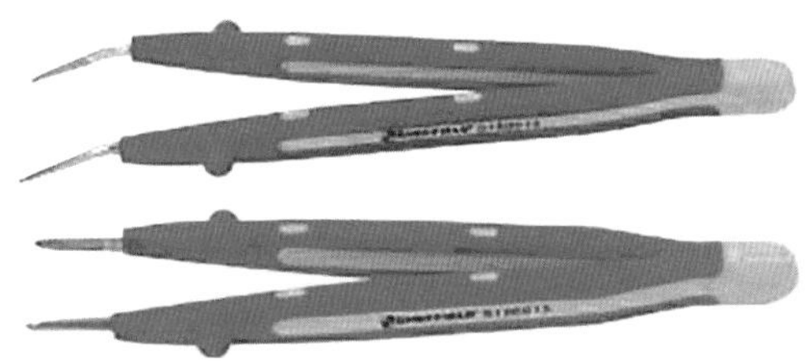

图 2-8 绝缘镊子

镊子的总长为 130~200 mm，手柄的长度应不小于 80 mm。镊子的两手柄都应有一个护手，护手不能滑动，护手的高度和宽度应足以防止工作时手滑向端头未包覆绝缘的金属部分，最小尺寸为 5 mm。手柄边缘到工作端头绝缘部分的长度应为 12~35 mm。工作端头未包覆绝缘部分的长度应不超过 20 mm。全绝缘镊子应没有裸露导体部分。

(二) 使用方法和注意事项

(1) 在规定的正常使用条件下，包覆绝缘手工工具和绝缘手工工具应保证操作人员和设备的安全。

(2) 手工工具在包覆绝缘层后应不影响工具的机械性能。

(3) 带电作业用绝缘手工工具常用来支撑、移动带电体或切断导线，必须有足够的机械强度以防断裂造成事故。

(4)绝缘材料应根据使用中可能经受的电压、电流、机械和热应力进行选择,绝缘材料应有足够的电气绝缘强度和良好的阻燃性能。

(5)绝缘层可由一层或多层绝缘材料构成,如果采用两层或多层,可以使用不同的颜色,绝缘外表面应具有防滑性能。

(6)在环境温度为-20~+70 ℃范围内,工具的使用性能应满足工作要求,制作工具的绝缘材料应牢固地黏附在导电部件上,在低温环境中(-40 ℃)使用的工具应标上C类标记,并按低温环境进行设计。

(7)可装配的工具应有锁紧装置以避免因偶然原因脱离。

(8)双端头带电作业工具应制成绝缘工具而不应制成包覆绝缘工具。

(9)金属工具的裸露部分应采取必要的防锈处理。

(三)标记、包装与储存

1. 标记

每件工具或工具构件应按下述要求标明醒目且耐久的标记:

(1)在绝缘层或金属部分上标明产地(厂家名称或商标)。

(2)在绝缘层上标明型号、参数、制造日期(至少有年份的后两位数)。

(3)在绝缘层上应有标志符号,标志符号为双三角形。

(4)设计用于超低温度(-40 ℃)的工具,应标上字母"C"。

2. 包装

手工工具包装箱上应注明厂名、厂址、商标、产品名称、规格、型号等,包装箱内应附有产品说明书,说明书中包括类型说明,检查说明,维护、保管、运输、组装和使用说明。

3. 储存

手工工具应妥善储存在干燥、通风,避免阳光直晒,无腐蚀有害物质的位置,并应与热源保持一定的距离。

第二节 绝缘遮蔽类工器具

一、绝缘遮蔽用具介绍

在低压配网不停电作业,可能引起相间或相对地短路时,需对带电导线或地电位的杆塔构件进行绝缘遮蔽或绝缘隔离,形成一个连续扩展的保护区域。绝缘遮蔽用具可起到主绝缘保护的作用,作业人员可以碰触绝缘遮蔽用具。

绝缘遮蔽用具包括各类硬质绝缘遮蔽罩和软质绝缘遮蔽罩。硬质绝缘遮蔽罩一般采用环氧树脂、塑料、橡胶及聚合物等绝缘材料制成。在同一遮蔽组合绝缘系统中,各个硬质绝缘遮蔽罩相互连接的端部具有通用性。软质绝缘遮蔽罩一般采用橡胶类、软质塑料类、PVC等绝缘材料制成。根据遮蔽对象的不同,在结构上可以做成硬壳型、软型或变形型,也可以为定型的或平展型的。

二、常见的种类

(1)导线遮蔽罩:用于对裸导体进行绝缘遮蔽的套管式护罩,带接头或不带接头。有直管式、下边缘延裙式、自锁式等类型,如图 2-9 所示。

图 2-9 导线遮蔽罩

(2)跳线遮蔽罩:用于对开关设备的上下引线、耐张装置的跳线等进行绝缘遮蔽的护罩,如图 2-10 所示。

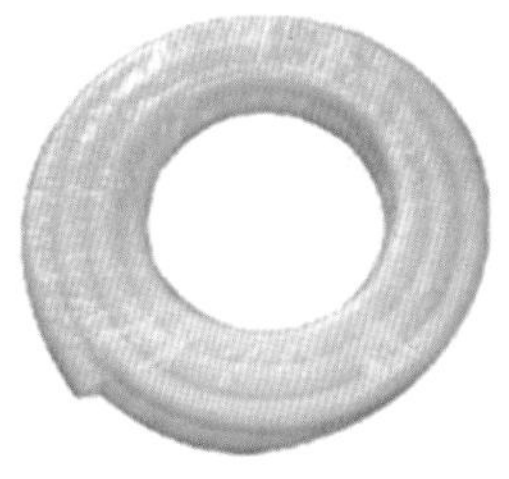

图 2-10 跳线遮蔽罩

(3)导线末端套管:用于对各类不同截面导线的端部进行绝缘遮蔽,如图 2-11 所示。

低压端子帽

室内用低压导线末端套管直径:6、7.5、9.5、13.5、17.5(mm)

户外架空线用低压导线末端代套管直径:6.5、11、15、20、30(mm)

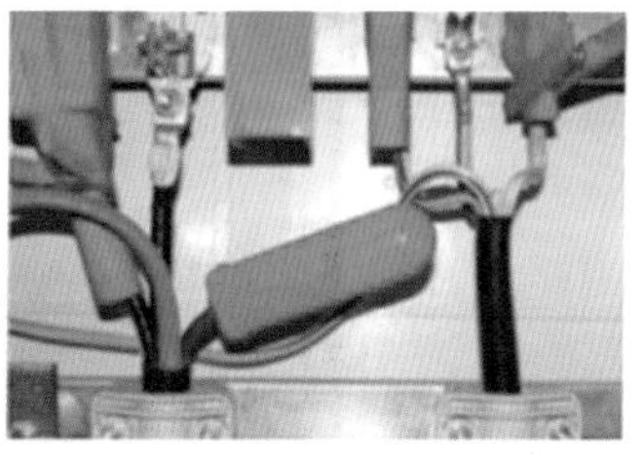

图 2-11 导线末端套管

(4)绝缘子遮蔽罩:用于对低压架空线路的直线杆绝缘子进行绝缘遮蔽,如图 2-12 所示。

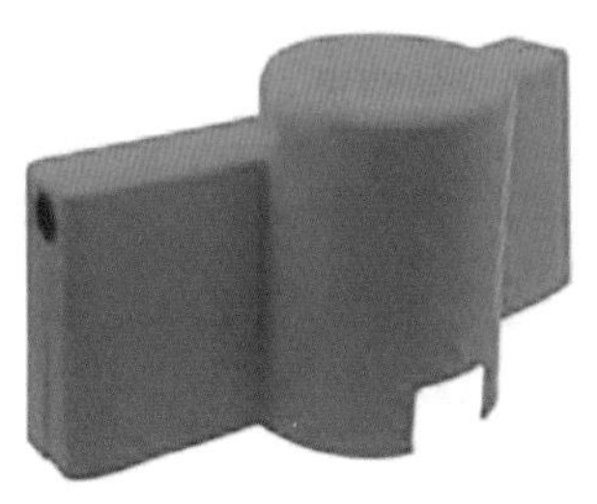

图 2-12 绝缘子遮蔽罩

(5)熔断器遮蔽罩:用于对低压配电柜内的熔断器进行绝缘遮蔽的护罩,如图 2-13 所示。

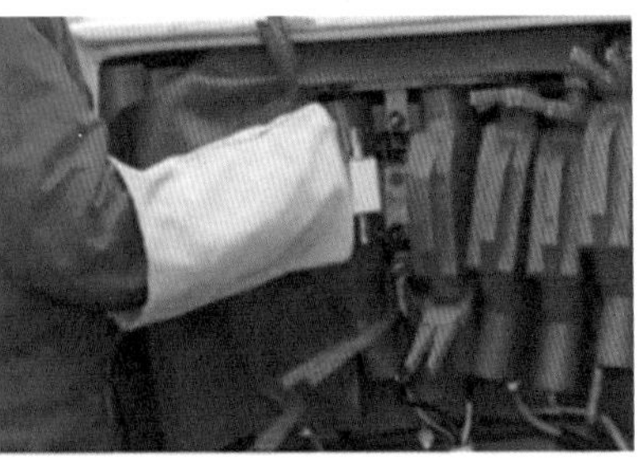

图 2-13 熔断器遮蔽罩

(6)低压绝缘毯:用于对低压线路装置上带电或不带电部件进行绝缘包缠遮蔽,如图 2-14 所示。

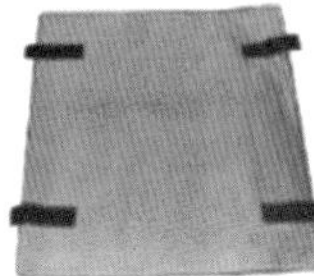
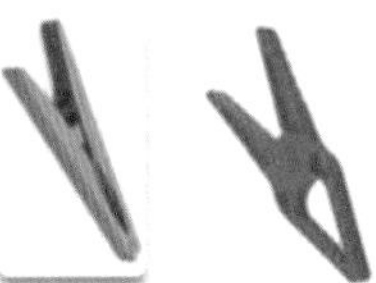

图 2-14 低压绝缘毯和毯夹

(7)绝缘隔板(又称绝缘挡板):用于隔离带电部件、限制带电作业人员活动范围的硬质绝缘平板护罩,如图 2-15 所示。

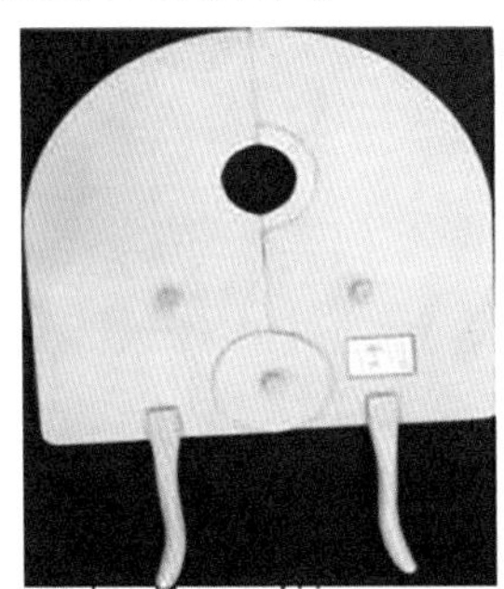
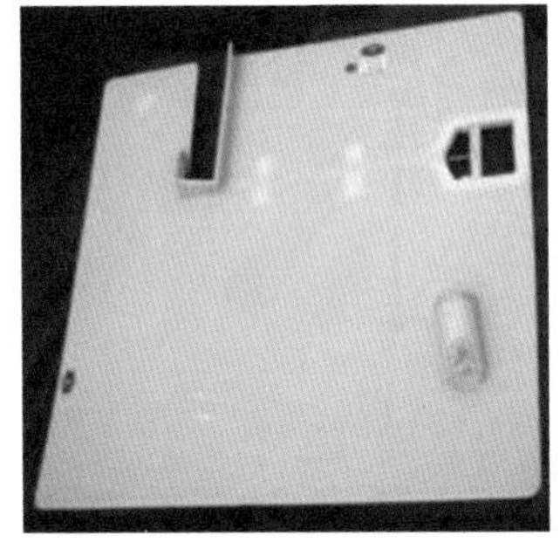

图 2-15 绝缘隔板

三、预防性试验要求

绝缘遮蔽用具预防性试验要求见表 2-1。

表 2-1 绝缘遮蔽用具预防性试验要求

序号	名称	使用电压等级(V)	耐压试验要求	试验周期
1	导线遮蔽罩	380	5 kV/min	6 个月
2	跳线遮蔽罩	380	5 kV/min	6 个月
3	绝缘子遮蔽罩	380	5 kV/min	6 个月
4	熔断器遮蔽罩	380	5 kV/min	6 个月
5	低压绝缘毯	380	5 kV/min	6 个月

第三节 安全防护类工器具

一、带电作业用绝缘手套

(一)带电作业用绝缘手套的基本结构和功能

1. 结构特点

(1)手套由合成橡胶制成,可以加衬,以防止化学腐蚀和降低臭氧对手套产生的老化影响。

(2)按结构可以分为大拇指基线、手腕、平袖口、卷边袖口、中指弯曲中点高度几部分。

2. 基本功能

带电作业用绝缘手套是指在高压电气设备或装置上进行带电作业时起电气辅助绝缘作用的手套,由合成橡胶或天然橡胶制成,主要对带电作业人员手部进行绝缘防护。目前,绝缘等级最大为 2 级,即 10 kV 以下使用。

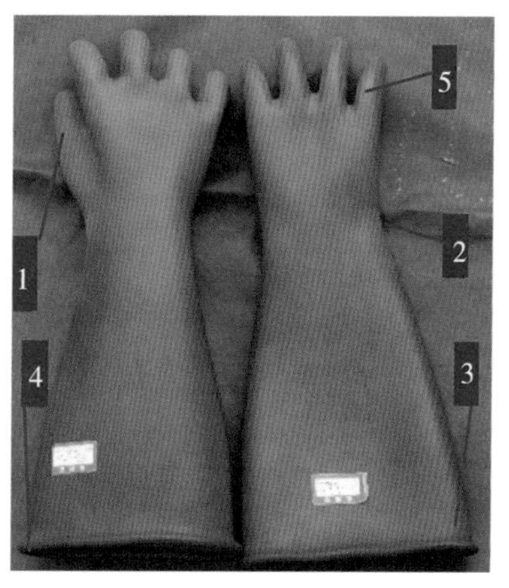

1—大拇指基线;2—手腕;3—平袖口;4—卷边袖口;5—中指弯曲中点高度

图 2-16 绝缘手套示例图

(二)带电作业用绝缘手套的分类和技术规格

1. 分类

(1)按使用方法可分为常规型绝缘手套和复合型绝缘手套,本章重点介绍常规型绝缘手套,复合型绝缘手套如图 2-16 所示。

(2)按形状可分为分指绝缘手套、连指绝缘手套、长袖复合绝缘手套和圆弧形袖口绝缘手套。

(3)按照电气性能的不同,可分为 0、1、2、3、4 五级。适用于不同标称电压的手套级别见表 2-2。

表 2-2 适用于不同标称电压的手套级别

编号	类型	AC[a](V)
1	0	380
2	1	3 000
3	2	10 000
4	3	20 000
5	4	35 000

注:AC[a] 在三相系统中指线电压。

(4)具有特殊性能的手套分为 5 种类型,分别为 A、H、Z、R、C 型,见表 2-3。

表 2-3　特殊性能的手套类型

编号	级别	AC[a](V)
1	A	380
2	H	3 000
3	Z	10 000
4	R	20 000
5	C	35 000

注：AC[a] 在三相系统中指线电压。

2. 常规型绝缘手套技术参数

（1）绝缘手套的长度。

（2）带电作业用常规型绝缘手套的厚度：为保持适当的柔软性，手套平面（表面不加肋时）的最大厚度分为 0、1、2、3、4 五级，厚度有 1.00 mm、1.50 mm、2.30 mm、2.90 mm 和 3.60 mm 几种。

（三）常规型绝缘手套的检查

常规型绝缘手套在使用前必须进行检查，其内容如下：

（1）手套内外侧表面应通过检查确定无有害的和有形的表面缺陷。

（2）若某双手套中的一只可能不安全，则这双手套不能使用，应将其返回进行试验。

（3）使用前，做漏气试验检查，先对绝缘手套进行充气并挤压，置于面部，检查是否漏气。漏气试验检查如图 2-17 所示。

图 2-17　绝缘手套漏气试验检查示例

（四）常规型绝缘手套的使用方法

（1）使用时，在绝缘手套的最外层应使用机械防护手套（如羊皮手套），绝缘手套使用如图 2-18 所示。

图 2-18　绝缘手套使用示例

（2）避免用绝缘手套直接用力按压尖锐物体。

(五)常规型绝缘手套试验

绝缘手套常规试验内容如下：

(1)外观检查和测量：外观检查、尺寸检查、厚度检查、工艺及成型检查、标志检查、包装检查。

(2)机械试验：拉伸强度及扯断伸长率试验、拉伸永久变形试验、抗机械刺穿试验、耐磨试验、耐切割试验、抗撕裂试验。

(3)电气试验：交流验证试验、交流耐受试验、直流验证试验、直流电压试验。

(4)电气试验周期：预防性试验每年一次，检查性试验每年一次，两次试验间隔为半年。绝缘手套试验如图 2-19 所示。

图 2-19　绝缘手套试验示例

二、绝缘袖套

(一)绝缘袖套的基本结构和功能

1. 结构特点

绝缘袖套分为浸制、模压两种。浸制橡胶绝缘袖套与绝缘手套工艺相同，模压是采用模具压合成型。

绝缘袖套、袖套扣如图 2-20、图 2-21 所示。

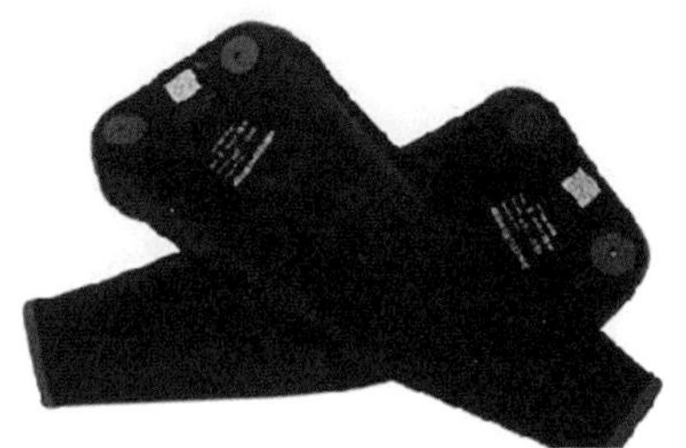

图 2-20　绝缘袖套示例

图 2-21　绝缘袖套扣示例

2. 基本功能

带电作业用绝缘袖套配合同等级的绝缘手套使用，保护肩臂部位；袖套扣配合袖套使用，要求具有良好的电气性能和较高的机械性能，并具有良好的绝缘性能。

(二)绝缘袖套的分类和技术规格

1. 分类

(1)绝缘袖套按外形分为直筒式和曲肘式两种。

(2)特殊性能的绝缘袖套可分为 A、H、Z、R 和 C 类五种，分别具有耐酸、耐油、耐臭氧、耐低温性能。

(3)按耐压级别分为 0、1、2、3 共四级。

2. 技术参数

(1)厚度：绝缘袖套应具有足够的弹性且平坦，表面橡胶最大厚度必须满足表 2-4 的规定。

表 2-4　合成橡胶最大厚度

编号	级别	厚度(mm)
1	0	1.00
2	1	1.50
3	2	2.50
4	3	2.90

(2)绝缘袖套采用无缝制作,袖套与袖套扣连接所留的小孔必须采用非金属加固边缘,直径一般为 8 mm。

(3)袖套内外表面均匀,光滑,规则,无小孔、裂纹、局部隆起,无切口夹杂导电异物、折缝、凹凸波纹和铸造标志等。

(三)绝缘袖套的检查

绝缘袖套在使用前必须进行检查,其内容有:外观检查(袖套内外侧表面应进行目测检查,表面均匀)、尺寸检查、厚度检查、工艺及成型检查、标志检查、包装检查等。

(四)绝缘袖套的使用方法

(1)使用前,做外观检查。

(2)将绝缘袖套和绝缘扣可靠连接。

(3)避免被尖状物或锋利物划伤。

(五)绝缘袖套的试验

绝缘袖套常规试验内容如下:

(1)机械试验:拉伸强度及伸长率试验、抗机械刺穿试验、拉伸永久变形试验。

(2)电气耐压试验:包括形式试验和抽样试验(电压持续时间为 3 min)以及出厂试验(电压持续时间为 1 min)。

(3)绝缘袖套的预防性试验周期为每半年一次。

三、绝缘服

绝缘服是由绝缘材料制成的服装,是保护带电作业人员接触带电体时免遭电击的一种人身安全防护用具。

(一)绝缘服的基本结构和功能

1. 结构特点

(1)绝缘服由 ERV 树脂材料或合成橡胶制成,具有防止机械磨损、化学腐蚀和臭氧的作用,下面主要介绍 ERV 树脂材料制成的绝缘服,如图 2-22 所示。

(2)绝缘衣的结构分为衣袖、袖口收紧带、衣身、纽扣。

(3)绝缘裤的结构分为裤带、腰部松紧带。

2. 带电作业用绝缘服的基本功能

对人体除头部、手、足外实现绝缘遮蔽,以保护带电作业人员接触带电体时免遭电击。

（二）绝缘服的分类和技术规格

1. 分类

整套绝缘服包括绝缘衣和绝缘裤，绝缘衣分为普通绝缘上衣、网眼绝缘上衣和绝缘披肩。

图 2-22　绝缘服示例

2. 技术参数

（1）绝缘衣、绝缘裤的型号分为小号、中号、大号、加大号。

（2）绝缘服的表面应平整、均匀、光滑，无小孔、局部隆起、夹杂异物、折缝、空隙等，结合部分应采取无缝制作的方式。

（3）表面拉伸强度：拉伸强度平均值应不小于 9 MPa，最低值应不低于平均值的 90%。

（4）表面抗机械刺穿：抗刺穿力平均值应不小于 15 N，最低值应不低于平均值的 90%。

（5）表面抗撕裂：拉断力平均值应不小于 150 N，最低值应不低于平均值的 90%。

（6）电气性能应满足表 2-5 的要求。

表 2-5　绝缘服的电气性能

交流电压试验	整衣层向验证电压（kV）	20
	整衣层向耐受电压（kV）	30
	沿面工频耐受电压（kV）	100
电阻率测量	内层材料体积电阻系数（Ω · cm）	$\geqslant 1\times10^{15}$

（三）绝缘服的检查

绝缘服在使用前必须进行检查，其内容有：外观检查，其重点是工艺及成型检查，对内外侧表面应进行目视检查，表面应平整、均匀、光滑，无小孔、局部隆起、夹杂异物、折缝、空隙等，结合部分应采取无缝制作的方式；标志检查；包装检查等。

（四）绝缘服的使用方法

（1）每次使用前都要对绝缘服的内外表面进行外观检查。

（2）发现绝缘服存在可能影响安全性能的缺陷，禁止使用，并应对绝缘服进行试验。

（3）避免被尖状物或锋利物划伤。

绝缘服穿着如图 2-23 所示。

（五）绝缘服的保管注意事项

（1）绝缘服不能折叠，折痕会引起橡胶氧化，降低绝缘性能。

（2）绝缘服应逐一悬挂在干燥、通风良好的带电作业工具库房专用不锈钢金属架上，如图 2-24 所示。

（3）绝缘服禁止储存在蒸汽管、散热器或其他人造热源附近；禁止储存在阳光或其他光源直射的环境下，尤其要避免直接碰触尖锐物体，造成刺破或划伤。

(4)禁止绝缘服与油、酸、碱或其他有害物质接触,并距离热源 1 m 以上,储存环境温度宜为 10~21 ℃。

(5)当绝缘服被弄脏时应用肥皂和水清洗,彻底干燥后涂上滑石粉。如果有焦油和油漆这样的混合物黏附在其表面,应采用合适的溶剂擦去。

(6)使用中绝缘服变湿或者洗了之后要进行彻底干燥,但是干燥温度不能超过 65 ℃。

图 2-23　绝缘服穿着示例

(六)绝缘服的试验

绝缘服常规试验内容如下:

(1)外观检查包括工艺及成型检查、标志检查、包装检查。

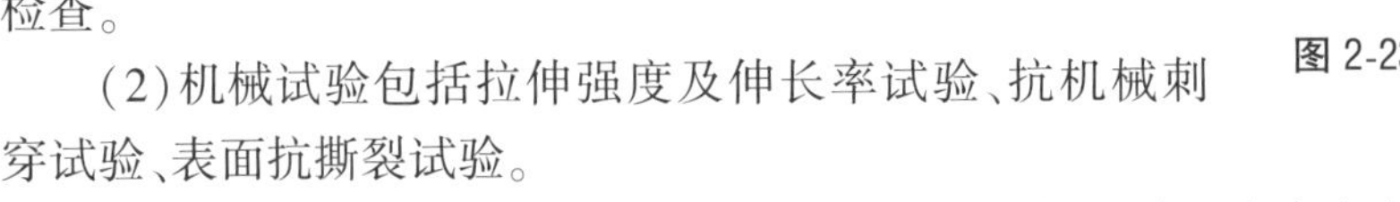

(2)机械试验包括拉伸强度及伸长率试验、抗机械刺穿试验、表面抗撕裂试验。

(3)绝缘服的预防性试验项目包括标志检查、交流耐压试验或直流耐压试验,试验周期为每半年一次。绝缘服预防性试验如图 2-25 所示。

图 2-24　绝缘服装存放保管示例

图 2-25　绝缘服预防性试验示例

四、带电作业用绝缘鞋(靴)

(一)带电作业用绝缘鞋(靴)的基本结构和功能

1. 结构特点

绝缘鞋(靴)由鞋底、鞋面、鞋跟、靴筒等组成。绝缘鞋(靴)如图 2-26 所示。

2. 基本功能

(1)绝缘鞋是配电线路带电作业时使用的辅助安全用具。

(2)带电作业用绝缘鞋在高压电气设备或装置上进行带电作业时起电气辅助绝缘作用。它是用合成橡胶或天然橡胶制成的,主要对带电作业操作人员脚部进行绝缘防护,要求具有良好的电气性能,并具有良好的服用性能。目前,绝缘等级最大为 2 级,即 10 kV 及以下使用。带电作业常用绝缘鞋以进口为主,国产较少。

(二)带电作业用绝缘鞋的分类和技术规格

1. 分类

(1)按系统电压分为 3~10 kV(工频)绝缘鞋和 0.4 kV 以下绝缘鞋。

(a)绝缘鞋

(b)绝缘靴

图 2-26 绝缘鞋(靴)示例

(2)按材质分为布面绝缘鞋、皮面绝缘鞋、胶面绝缘鞋(靴)。

2. 带电作业用绝缘鞋技术参数

(1)绝缘鞋宜用平跟,外底应有防滑花纹。

(2)绝缘鞋只能在规定的范围内作为辅助安全用具使用。

(三)常规型绝缘鞋的检查

常规型绝缘鞋在使用前必须进行检查,其内容如下:

(1)外观检查,绝缘鞋内外侧表面应平整、无裂纹和孔洞等表面缺陷。

(2)如某双绝缘鞋中的一只可能不安全,则这双鞋不能使用,应将其返回进行试验。

(3)标志检查,其试验合格证应完整,且在有效期内。

(四)带电作业绝缘鞋的使用方法

(1)穿戴正确。绝缘鞋应在进入绝缘台或绝缘斗前穿好后进入,穿好后不准在地面或其他尖锐物上行走和踩踏。

(2)绝缘鞋的型号与作业人员的脚码相适应,不可过大或太小。

(3)绝缘鞋凡有破损、鞋底防滑齿磨平、外底磨透露出绝缘层或预防性检验不合格时,均不得使用。

(4)使用中鞋变湿或者清洗之后要进行彻底干燥,但是干燥温度不能超过 65 ℃。

(五)常规型绝缘鞋的保管注意事项

(1)存放地应干燥通风,堆放时离开地面和墙壁 20 cm 以上,离开一切发热体 1 m 以上,严禁与油、酸、碱或其他腐蚀性物品存放在一起。

(2)当鞋被弄脏时应用肥皂和水清洗,彻底干燥后涂上滑石粉。如果有焦油和油漆这样的混合物黏附在鞋上,应采用合适的溶剂擦去。

(六)带电作业绝缘鞋试验

(1)机械性能试验:拉伸强度及扯断伸长率试验、耐磨性能试验、邵氏 A 硬度试验、围条与鞋帮黏附强度试验、鞋帮与鞋底剥离度试验、耐折性能试验。

(2)电气试验:包括交流验证电压试验和泄漏电流试验。

(3)各种绝缘鞋预防性检验周期不应超过 6 个月。

五、带电作业用防机械刺穿手套

(一)带电作业用防机械刺穿手套的基本结构和功能

1. 结构特点

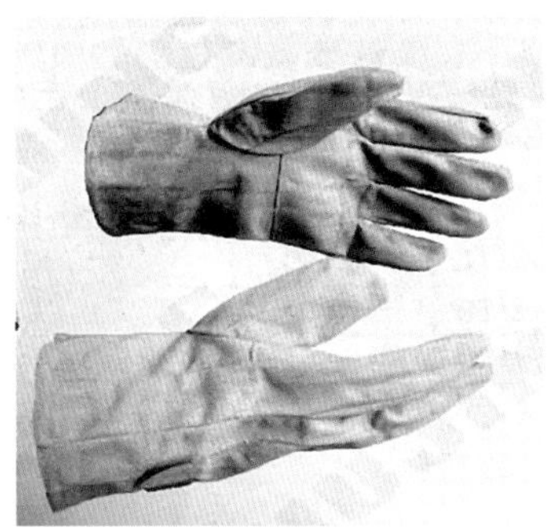
图 2-27 防刺穿手套

(1)手套由合成橡胶制成,手套可以加衬,以防止机械磨损、化学腐蚀和臭氧的作用。

(2)主要部分由大拇指基线、手腕、平袖口、卷边袖口、中指弯曲中点高度组成,如图 2-27 所示。

2. 基本功能

带电作业用防机械刺穿绝缘手套是指在高压电气设备或装置上进行带电作业时起电气辅助绝缘作用的手套,主要对带电作业操作人员手部进行绝缘防护,要求具有良好的电气性能和较高的机械性能。

(二)带电作业用防机械刺穿绝缘手套的分类和技术规格

1. 分类

(1)按使用方法可分为复合型绝缘手套、长袖复合型绝缘手套。

(2)按形状可分为分指绝缘手套和连指绝缘手套。

(3)按照电气特性的不同,规定了三种等级的手套:00 级、0 级和 1 级。适用于不同标称电压的防机械刺穿手套级别见表 2-6。

表 2-6 适用于不同标称电压的防机械刺穿手套级别

编号	级别	交流有效值(V)	直流(V)
1	00	500	750
2	0	1 000	1 500
3	1	3 000	11 250

注:在三相系统中指线电压。

(4)具有特殊性能的手套分为 5 种类型,分别为 A、H、Z、R、C 型,如表 2-7 所示。

表 2-7 特殊性能的手套类型

编号	型号	特殊性能
1	A	耐酸
2	H	耐油
3	Z	耐臭氧
4	R	耐酸、油和臭氧
5	C	耐超低温

注:R 类兼有 A、H、Z 的性能。

2. 带电作业用防刺穿绝缘手套技术参数

(1)带电作业用防刺穿绝缘手套自身具备机械保护性能,可以不用配合机械防护手套使用，并具有良好的绝缘性能。

(2)手套袖口可以制成带卷边的或不带卷边的。

(3)绝缘手套的长度：不同级别的绝缘手套的长度标准如表2-8所示。

表2-8 常规型不同级别的绝缘手套的长度标准

编号	级别	长度(mm)				
1	00	270	360	—	—	800
2	0	270	360	410	460	800
3	1	—	—	410	460	800

注：复合绝缘手套长度偏差允许±20 mm。

(4)带电作业用防刺穿绝缘手套的厚度：为保持适当的柔软性，手套平面(表面不加肋时)的最大厚度如表2-9所示。

表2-9 手套平面的最大厚度

编号	级别	厚度(mm)
1	00	1.80
2	0	2.30
3	1	

注：级别“1”对应的厚度数值未确定。

(三)带电作业用防刺穿绝缘手套的检查

(1)手套内外侧表面应通过检查确定无有害的和有形的表面缺陷。

(2)为改善紧握性能而设计的手掌和手指表面，不应视为表面缺陷。

(3)如某双手套中的一只可能不安全，则这双手套不能使用，应将其返回进行试验。

(四)带电作业用防刺穿绝缘手套的使用方法

(1)使用前，做漏气试验检查，先对绝缘手套进行充气并挤压，置于面部，检查是否漏气。

(2)避免用绝缘手套直接用力按压尖状物体。

(五)防刺穿绝缘手套试验

绝缘手套常规试验内容如下：

(1)机械试验：耐磨试验、抗机械刺穿试验、抗撕裂试验、拉伸强度及扯断伸长率试验、抗切割试验。

(2)电气性能试验：交流验证试验、交流耐受试验、受潮后的泄漏电流试验。

绝缘手套预防性试验周期为每半年一次。

六、绝缘安全帽

绝缘安全帽是用来保护电气作业人员头部的防护用具，避免在带电作业时电击、撞伤或坠物打击伤害等。

(一)绝缘安全帽的基本结构和功能

(1)结构特点:绝缘安全帽由帽壳、帽衬、下颌带、后箍等组成,绝缘安全帽无透气孔,如图2-28、图2-29所示。

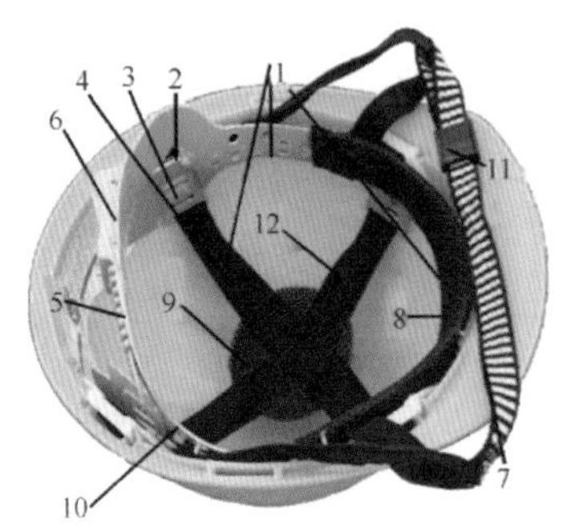

1—帽衬;2—连接孔;3—帽衬接头;4—托带;5—后箍;6—后箍调节器;7—下颌带;8—吸汗带;9—衬垫;10—帽箍;11—锁紧卡;12—护带

图2-28 绝缘安全帽内部结构示例

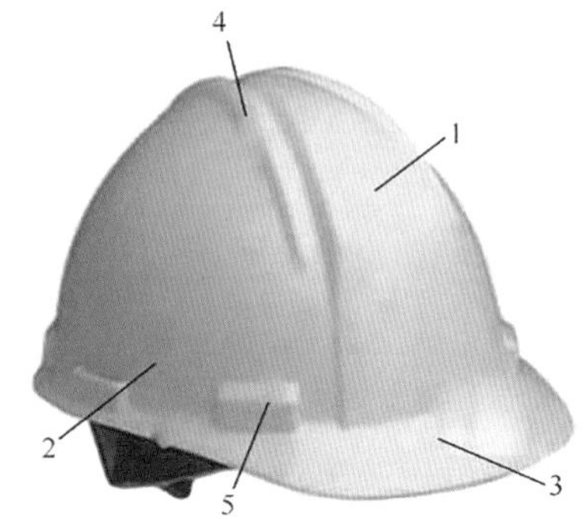

1—帽壳;2—帽沿;3—帽舌;4—顶筋;5—插座

图2-29 绝缘安全帽外部结构示例

(2)基本功能:在带电作业时保护作业人员头部,能够屏蔽电弧,缓冲减震和分散应力,避免受到电击或机械伤害。

(二)绝缘安全帽的分类和技术参数

(1)分类:绝缘安全帽主要分为美制、欧制、日制和国产,颜色主要有白色和黄色。

(2)绝缘安全帽技术参数:绝缘安全帽采用高密度复合聚酯材料,除具有符合安全帽检测标准的机械强度外,还应符合相关配电带电作业电气检测标准,其电介质的强度必须满足20 kV/3 min的试验要求。

(三)绝缘安全帽的检查

(1)新的绝缘安全帽,首先检查是否有劳动部门允许生产的证明及产品合格证,再看是否破损、薄厚应均匀,缓冲层及调整带和弹性带是否齐全有效;检查安全帽上商标、型号、制造厂名称、生产日期和生产许可证编号完好。

(2)绝缘安全帽在使用前必须进行外观检查,检查安全帽的帽壳、帽箍、顶衬、下颌带、后扣(或帽箍扣)等组件是否完好无损,帽壳与顶衬缓冲空间为25~50 mm。试验合格证完好,且在试验有效期内。

(3)定期检查,检查有无龟裂、下凹、裂痕和磨损等情况,发现异常现象要立即更换,不准再继续使用;任何受过重击、电击、有裂痕的绝缘安全帽不论有无损坏现象,均应报废;试验检测其绝缘性能。

绝缘安全帽壳不能有透气孔,应避免与普通安全帽混淆。

(四)绝缘安全帽的使用方法

(1)戴绝缘安全帽前应将帽后调整带按自己的头型调整到适合的位置(头部稍有约束感,但不难受的程度,以不系下颌带低头时安全帽不会脱落为宜),佩戴安全帽必须系好下颌带,下颌带应紧贴下颌,松紧以下颌有约束感,但不难受为宜。然后将帽内弹性带系牢。缓冲衬垫的松紧由带子调节,人的头顶和帽体内顶部的空间垂直距离一般为25~50 mm,至少不要小于32 mm为好。

(2)安全帽戴好后,应将后扣拧到合适位置(或将帽箍扣调整到合适的位置),锁好下颌带,防止工作中前倾后仰或其他原因造成滑落。不要把绝缘安全帽歪戴,也不要把帽舌戴在脑后方。否则,会降低安全帽对于冲击的防护作用。

(3)绝缘安全帽的下颌带必须扣在颌下并系牢,松紧要适度。这样不至于被大风吹掉或者是被其他障碍物碰掉或者由于头的前后摆动使安全帽脱落。

(4)严禁使用只有下颌带与帽壳连接的绝缘安全帽,也就是帽内无缓冲层的绝缘安全帽。

(5)严禁不规范使用安全帽,在现场作业中,作业人员不得将安全帽脱下搁置一旁或当坐垫使用,不得不系扣带或者不收紧,不得将扣带放在帽衬内。

(6)平时使用绝缘安全帽时应保持整洁,不能接触火源,不要任意涂刷油漆。

(五)绝缘安全帽试验

(1)绝缘安全帽出厂试验包括冲击吸收性能试验(经低温、高温、淋水预处理后做冲击试验,传递到头模上的力不超过4 900 N)、耐穿刺性能试验、电绝缘性能试验、阻燃性能试验、侧向刚性试验、抗静电性能试验。

(2)绝缘安全帽要进行定期试验,机械试验和电气试验应每年一次,合格后方可继续使用。

七、电弧防护用品

(一)基本功能

防电弧用品,在作业中遇到电弧或高温时,对人员起到重要的防护作用。

(二)主要类型

电弧防护用品主要有防电弧服、防电弧手套、防电弧鞋罩、防电弧头罩、防电弧面屏、护目镜等,其主要类型如图2-30所示。

(1)防电弧服。防电弧服一旦接触到电弧火焰或炙热物体,内部的高强低延伸防弹纤维会自动迅速膨胀,从而使面料变厚且密度变高,防止被点燃并有效隔绝电弧热伤害,形成对人体保护性的屏障。

(2)防电弧手套。防止意外接触电弧或高温引起的事故,能对手部起到保护作用。面料采用永久阻燃芳纶,不熔滴,不易燃,燃烧无浓烟,面料有碳化点。

(3)防电弧鞋罩。防止意外接触电弧或高温引起的事故,能对脚部起到保护作用。面料采用永久阻燃芳纶,不熔滴,不易燃,燃烧无浓烟,面料有碳化点。

(4)防电弧头罩、防电弧面屏。防止电弧飞溅、弧光和辐射光线对头部和颈部损伤的防护工具。

(5)护目镜。作业时能对眼睛起到一定的防护作用。

图 2-30　防电弧用品

(三)电弧防护用品的选择

1. 停电检修、线路和设备巡视、检测

室内 0.4 kV 设备与线路的停电检修工作,电弧能量不大于 5.7 cal/cm^2,须穿戴防电弧能力不小于 6.8 cal/cm^2 的分体式防电弧服装。户外 0.4 kV 架空线路的停电检修工作,电弧能量不大于 1.13 cal/cm^2,须穿戴防电弧能力不小于 1.4 cal/cm^2 的分体式防电弧服装。

室内巡视、检测和直接在户内配电柜内的测量工作,电弧能量不大于 17.47 cal/cm^2,须穿戴防电弧能力不小于 21 cal/cm^2 的连体式防电弧服装,戴防电弧面屏和防电弧手套。室外巡视、检测和在低压架空线路上的测量工作,电弧能量不大于 3.45 cal/cm^2,须穿戴防电弧能力不小于 4.1 cal/cm^2 的分体式防电弧服装,戴护目镜。

2. 倒闸操作

在 0.4 kV 配电柜内倒闸操作,电弧能量不大于 21.36 cal/cm^2,须穿戴防电弧能力不小于 25.6 cal/cm^2 的连体式防电弧服装,穿戴相应防护等级的防电弧头罩和防电弧手套、鞋罩。

3. 0.4 kV 低压带电作业

0.4 kV 架空线路采用绝缘杆作业法进行带电作业,电弧能量不大于 1.13 cal/cm^2,须穿戴防电弧能力不小于 1.4 cal/cm^2 的分体式防电弧服装,戴护目镜。

0.4 kV 架空线路采用绝缘手套作业法进行带电作业,电弧能量不大于 5.63 cal/cm^2,须穿戴防电弧能力不小于 6.8 cal/cm^2 的分体式防电弧服装,戴相应防护等级的防电弧面屏。

0.4 kV 配电柜内进行带电作业,电弧能量不大于 21.36 cal/cm^2,须穿戴防电弧能力不小于 25.6 cal/cm^2 的连体式防电弧服装,穿戴相应防护等级的防电弧头罩。

4. 邻近或交叉 0.4 kV 线路工作

邻近或交叉 0.4 kV 线路的维护工作,电弧能量均不大于 0.55 cal/cm^2,须穿戴防护能力不小于 0.7 cal/cm^2 的分体式防电弧服装。

(四)使用、维护

个人电弧防护用品的使用：

(1)个人电弧防护用品应根据使用场合合理选择和配置。

(2)使用前,检查个人电弧防护用品应无损坏、玷污。检查应包括防电弧服各层面料及里料、拉链、门襟、缝线、扣子等主料及附件。

(3)使用时,应扣好防电弧服纽扣、袖口、袋口、拉链,袖口应贴紧手腕部分,没有防护效果的内层衣物不准露在外面。分体式防护服必须衣、裤成套穿着使用,且衣、裤必须有重叠面,重叠面不少于 15 cm。

(4)使用后,应及时对个人电弧防护用品进行清洁、晾干,避免沾染油污及其他易燃液体,并检查外表是否良好。

个人电弧防护用品的维护：

(1)个人电弧防护用品应实行统一严格管理。

(2)个人电弧防护用品应存放在清洁、干燥、无油污和通风的环境,避免阳光直射。

(3)个人电弧防护用品不准与腐蚀性物品、油品或其他易燃物品共同存放,避免接触酸、碱等化学腐蚀品,以防止腐蚀损坏或被易燃液体渗透而失去阻燃及防电弧性能。

(4)修理防电弧服时只能用与生产服装相同的材料(线、织物、面料),不能使用其他材料。出现线缝受损,应用阻燃线及时修补。较大的破损修补建议由专业服装技术工人执行。

(5)电弧防护服、防护头罩(不含面屏)、防护手套和鞋罩清洗时应用中性洗涤剂,不得使用肥皂、肥皂粉、漂白粉(剂)洗涤去污,不得使用柔软剂。

(6)面屏表面清洗时避免采用硬质刷子或粗糙物体摩擦。

(7)防电弧服装应与其他服装分开清洗,宜采用热烘干方式干燥,晾干时避免日光直射、暴晒。

第四节　绝缘承载类工器具

用于承载 0.4 kV 带电作业人员在作业位置开展作业的绝缘装备,包括低压带电作业车和绝缘梯。作为主绝缘工具,绝缘承载类工器具都需要经过出厂的形式试验和每年的预防试验,具体工作斗沿面和工作斗层向的试验电压和试验时间如表 2-10 所示。

表 2-10　绝缘承载类工器具试验要求

试验	形式试验(出厂)		预防性试验	
	试验电压(kV)	试验时间(min)	试验电压(kV)	试验时间(min)
工作斗沿面(0.4 m)	50	1	20	1
工作斗层向	50	1	20	1

下面就低压带电作业车和绝缘梯的主要作用、主要技术参数、使用注意事项进行说明。

一、低压带电作业车

低压带电作业车指的是用于低压不停电作业,带有绝缘斗的高空作业车。

(一)主要作用

低压带电作业车主要用于0.4 kV配电架空线路的带电作业和应急抢险等工作,操作方便灵活,可在狭窄的城区及乡村的道路上进行高空作业。车辆一般选用江淮皮卡底盘,上装以混合臂式为主,上装的作业臂为金属臂,工作斗为绝缘斗,如图2-31所示。

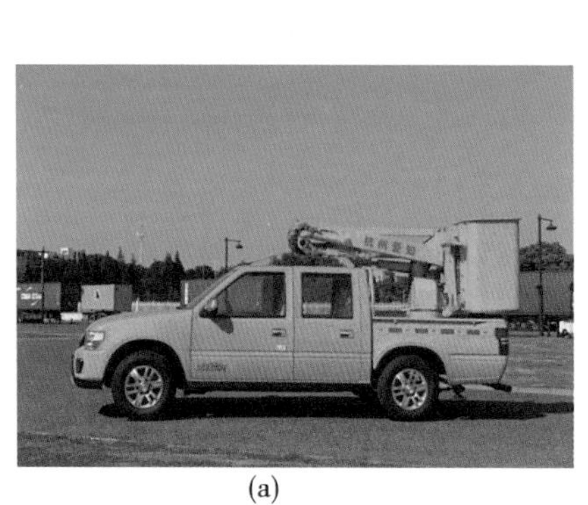

(a)

(b)

图2-31 低压带电作业车

(二)主要参数

低压带电作业车的主要技术参数见表2-11。

表2-11 低压带电作业车的主要技术参数

序号	名称	技术参数
1	作业线路电压	0.4 kV
2	工作斗额定载荷	≥100 kg
3	工作斗类型	单人单斗
4	工作斗尺寸(长×宽×高)	≥0.6 m×0.7 m×1.0 m
5	最大作业高度	≥12 m
6	工作斗最大作业高度时作业幅度	≥1.2 m
7	工作斗最大作业幅度(半径)	≥5 m
8	回转角度	330° 非连续回转
9	支腿形式	前A后H
10	支腿调整方式	单独可调
11	臂架形式	混合式
12	操作系统	工作斗和转台两组操作系统
13	液压系统	液压无级调速

续表 2-11

序号	名称	技术参数
14	应急动力系统	手动应急泵
15	安全装置	整车水平仪
16	调平系统	液压自动调平
17	车体接地线	≥25 mm^2 多股接地铜线
18	操作方式	具备有线和无线遥控
19	作业斗调平方式	液压调平
20	安全装置	配备水平传感器、过载传感器、紧急停止装置、支撑腿传感器、防干涉传感器、液压缸自动锁紧装置、手动辅助应急系统等
21	工作外斗沿面耐受电压	0.4 m,50 kV/1 min
22	工作内斗层间耐受电压	50 kV/1 min
23	车内电源接口配置	220 V 电源插座接口、24 V 直流电源接口

二、绝缘梯

(一)主要作用

在配网低压不停电作业中,绝缘梯作为作业时人员的承载工具,属于主绝缘工具。常用的有绝缘单梯、绝缘关节梯、绝缘合梯、绝缘人字梯、绝缘升降梯(绝缘伸缩单梯,绝缘伸缩合梯,绝缘伸缩人字梯)等。绝缘梯采用高温聚合拉挤制造工艺,材质选用环氧树脂结合销棒技术。梯撑、梯脚防滑设计,梯各部件外形无尖锐棱角,安全程度高,绝缘性能强;吸水力低,耐腐蚀,如图 2-32 所示。

(a)绝缘单梯　(b)绝缘人字梯　(c)绝缘关节梯　(d)绝缘伸缩单梯

图 2-32　绝缘梯

(二)使用注意事项

(1)使用梯子前,必须仔细检查梯子表面、零配件、绳子等是否存在裂纹、严重的磨损及影响安全的损伤。

(2)使用梯子时应选择坚硬、平整的地面,以防止侧歪发生危险;如果梯子使用高度超过 5 m,请务必在梯子中上部设立 F8 以上拉线。

(3)梯子应坚固完整,有防滑措施。梯子的支柱应能承受攀登时人员及所携带的工具、材料的总重量。

(4)单梯的横担应嵌在支柱上,并在距梯顶 1 m 处设限高标志。使用单梯工作时,梯与地面的斜角度约为 60°。

(5)梯子不宜绑接使用。人字梯应有限制开度的措施。

(6)人在梯上时,禁止移动梯子。

第五节 工器具的试验与保管

一、工器具试验

0.4 kV 配网不停电作业应使用额定电压不小于 0.4 kV 的工器具。工器具种类有绝缘操作工具、绝缘防护用具、绝缘遮蔽工具、绝缘手工工具和旁路作业装备。每一种工器具均应通过形式试验,每件工器具应通过出厂试验并定期进行预防性试验,试验合格且在有效期内方可使用。

(一)绝缘操作工具

(1)0.4 kV 绝缘操作工具电气试验项目与要求见表 2-12。预防性试验的周期为 1 年。

表 2-12 绝缘棒、管及板材料制成的操作工具的工频耐压试验

试验长度(mm)	形式试验(出厂)		预防性试验	
	试验电压(kV)	试验时间(min)	试验电压(kV)	试验时间(min)
80	10	1	5	1

(2)0.4 kV 绝缘操作工具机械试验项目与要求包括:

①形式试验:静荷载试验应在 2.5 倍额定工作负荷下持续 5 min 无变形、无损伤;动荷载试验应在 1.5 倍的额定工作负荷下操作 3 次,要求操作机构灵活、无卡涩现象。

②预防性试验:静荷载试验应在 1.2 倍额定工作负荷下持续 1 min 无变形、无损伤;动荷载试验应在 1.0 倍的额定工作负荷下操作 3 次,要求操作机构灵活、无卡涩现象。预防性试验周期为 2 年。

(二)绝缘防护用具

0.4 kV 绝缘防护用具的出厂及预防性试验项目与要求见表 2-13。预防性试验的周期为 1 年。

表 2-13 绝缘防护用具的工频耐压试验

级别	适用标称电压		形式试验(出厂)		预防性试验	
	交流有效值(V)	直流(V)	试验电压(kV)	试验时间(min)	试验电压(kV)	试验时间(min)
00	500	750	5	1	2.5	1
0	1 000	1 500	10	1	5	1

(三)绝缘遮蔽工具

0.4 kV 绝缘遮蔽工具的出厂及预防性试验项目与要求见表 2-14。绝缘遮蔽工具的预防性试验的周期为 1 年。

表 2-14 绝缘遮蔽工具的工频耐压试验

级别	适用标称电压		形式试验(出厂)		预防性试验	
	交流有效值(V)	直流(V)	试验电压(kV)	试验时间(min)	试验电压(kV)	试验时间(min)
0	1 000	1 500	10	1	5	1

注:试验时上下电极之间的爬电距离为 80 mm。

(四)绝缘手工工具

0.4 kV 绝缘手工工具试验依据 GB/T 18269—2008。

绝缘平台和绝缘梯的试验依据 DL/T 878—2021 和 DL/T 976—2017。

低压综合抢修车的出厂及预防性试验项目与要求见表 2-15。预防性试验周期为 1 年。

表 2-15 低压综合抢修车的工频耐压试验

试验项目	形式试验(出厂)		预防性试验	
	试验电压(kV)	试验时间(min)	试验电压(kV)	试验时间(min)
工作斗沿面(电极间距 0.4 m)	50	1	45	1
工作斗层向	50	1	45	1

(五)旁路作业装备

0.4 kV 旁路作业装备的出厂及预防性试验项目与要求见表 2-16。

表 2-16 0.4 kV 旁路作业装备的工频耐压试验

形式试验(出厂)		预防性试验	
试验电压(kV)	试验时间(min)	试验电压(kV)	试验时间(min)
10	1	5	1

二、工器具保管

带电作业工具应统一编号、专人保管、登记造册,并建立试验、检修、使用记录。有缺陷的带电作业工具应及时修复,不合格的应予报废,禁止继续使用。带电作业工器具应按电压等级及工具类别分区存放,主要分类为金属工器具、硬质绝缘工具、软质绝缘工具、检测仪器、绝缘遮蔽用具、绝缘防护用具、旁路作业装备等。

(一)金属工器具

金属工器具的存放设施应考虑承重要求,并便于存取,可采用多层式存放架。

(二)硬质绝缘工具

硬质绝缘工具中的绝缘杆、绝缘梯、升降梯等可采用水平式存放架存放,每层间隔 30 cm 以上,最低层对地面高度不小于 50 cm,同时应考虑承重要求,应便于存取。绝缘操作杆、吊拉支杆等的存放设施可采用垂直吊挂的排列架,每个杆件相距 10~15 cm,每排相距 30~50 cm。在杆件较长、不便于垂直吊挂时,可采用水平式存放架存放。大吨位绝缘吊拉杆可采用水平式存放架存放。

(三)软质绝缘工具

绝缘绳索的存放设施可采用垂直吊挂的构架。绝缘绳索挂钩的间距为 20~25 cm,绳索下端距地面不小于 30 cm。

(四)检测仪器

验电器、相位检测仪、分布电压测试仪、绝缘子检测仪、干湿温度仪、风速仪、兆欧表等检测用具应分件摆放,防止碰撞,可采用多层水平不锈钢构架存放。

(五)绝缘遮蔽用具

绝缘遮蔽用具,如导线遮蔽罩、绝缘子遮蔽罩、横担遮蔽罩、电杆遮蔽罩等应储存在有足够强度的袋内或箱内,再置放在多层式水平构架上。禁止储存在蒸汽管、散热管和其他人造热源附近,禁止储存在阳光直射的环境下。

(六)绝缘防护用具

绝缘防护用具,如绝缘服、绝缘袖套、绝缘披肩、绝缘手套、绝缘靴等应分件包装,要注意防止阳光直射或存放在人造热源附近,尤其要避免直接碰触尖锐物体,造成刺破或划伤。

(七)旁路作业装备

旁路作业装备应存放在室内,防止受潮、淋雨、暴晒。

绝缘工具在运输中应装在专用工具袋、工具箱或专用工具车内,防止受潮、淋雨、暴晒等,内包装运输袋可采用塑料袋,外包装运输袋可采用帆布袋或专用皮(帆布)箱。带电作业工具运输必须使用专用带电作业工程(具)车,避免碰撞、踩踏、污损。潮湿地区或潮湿季节,带电作业工具外出超过 24 h,需配备专用带电作业工具库房车,专用带电作业工具库房车必须带有烘干除湿设备、温湿自动控制系统,并按带电作业库房及带电作业工具车标准执行。带电作业工具库房车必须专用,车载发电机、温湿控制系统必须处于良好状态,随时随地可以进行烘干除湿工作。

第三章

0.4 kV架空线路不停电作业基本技能培训考核标准

第一节 0.4 kV 架空线路带电消缺

一、培训标准

（一）培训要求

0.4 kV 架空线路带电消缺培训要求见表 3-1。

表 3-1 0.4 kV 架空线路带电消缺培训要求

名称	0.4 kV 架空线路带电消缺	培训类别	操作类
培训方式	实操培训	培训学时	11 学时
培训目标	1. 能在接地体距离带电体较近，有可能造成短路等危险情况的位置，对带电体进行遮蔽、隔离，并按照“从近到远、从下到上”的遮蔽原则进行。 2. 能完成使用绝缘锁杆清除线路杆塔上的异物。 3. 能按照与设置绝缘遮蔽相反的顺序拆除		
培训场地	0.4 kV 低压带电作业实训线路		
培训内容	0.4 kV 架空线路带电消缺		
适用范围	本作业方法适用于清除异物等简单消缺工作		

（二）引用规程规范

《国家电网公司电力安全工作规程（配电部分）（试行）》（国家电网安质〔2014〕265 号）；

《配网运维规程》（Q/GDW 1519—2014）；

《10 kV 配网不停电作业规范》（Q/GDW 10520—2016）；

《带电作业工具设备术语》（GB/T 14286—2008）；

《配电线路带电作业技术导则》（GB/T 18857—2019）；

《农村电网低压电气安全工作规程》（DL/T 477—2010）；

《农村低压安全用电规程》（DL/T 493—2015）；

《农村低压电力技术规程》（DL/T 499—2001）。

（三）培训教学设计

本项目以完成“0.4 kV 架空线路带电消缺”为工作任务，按工作任务的标准化作业流程来设计各个培训阶段，每个阶段包括具体的培训目标、培训内容、培训学时、培训方法（培训资源）、培训环境和考核评价等内容，如表 3-2 所示。

表 3-2　0.4 kV 架空线路带电消缺培训内容设计

培训流程	培训目标	培训内容	培训学时	培训方法与资源	培训环境	考核评价
1. 理论教学	1. 熟悉 0.4 kV 架空线路带电消缺工器具及材料检查方法。 2. 0.4 kV 架空线路带电消缺操作流程	1. 正确检查本项目所涉及的个人防护用具、绝缘操作用具、绝缘遮蔽用具、个人工具和材料。 2. 在 0.4 kV 低压带电作业实训线路，完成 0.4 kV 架空线路带电消缺操作	2	培训方法：讲授法。 培训资源：PPT、相关规程规范	多媒体教室	考勤、课堂提问和作业
2. 准备工作	能完成作业前准备工作	1. 作业现场查勘。 2. 编制培训标准化作业卡。 3. 填写培训带电作业工作票。 4. 完成本操作的工器具及材料准备	1	培训方法： 1. 现场查勘和工器具及材料清理采用现场实操方法； 2. 编写作业卡和填写工作票采用讲授方法。 培训资源： 1. 0.4 kV 实训线路； 2. 0.4 kV 带电作业工器具库房； 3. 空白工作票	1. 0.4 kV 带电作业实训线路； 2. 多媒体教室	
3. 作业现场准备	能完成作业现场准备工作	1. 作业现场复勘。 2. 工作申请。 3. 作业现场布置。 4. 班前会。 5. 工器具及材料检查	1	培训方法： 演示与角色扮演法。 培训资源： 1. 0.4 kV 带电作业实训线路 2. 工器具及材料	0.4 kV 带电作业实训线路	

续表 3-2

培训流程	培训目标	培训内容	培训学时	培训方法与资源	培训环境	考核评价
4. 培训师演示	通过现场观摩，使学员初步领会本任务操作流程	1. 现场复勘。 2. 工作许可。 3. 现场布置。 4. 召开班前会。 5. 工器具检查。 6. 登杆前准备。 7. 登杆。 8. 验电。 9. 设置绝缘遮蔽。 10. 清除异物。 11. 拆除遮蔽。 12. 返回地面。 13. 工作结束	1	培训方法： 演示法。 培训资源： 0.4 kV 带电作业实训线路	0.4 kV 带电作业实训线路	
5. 学员分组训练	能完成 0.4 kV 架空线路带电消缺操作	1. 学员分组（10 人一组）训练 0.4 kV 架空线路带电消缺操作。 2. 培训师对学员操作进行指导和安全监护	5	培训方法： 角色扮演法。 培训资源： 1.0.4 kV 实训线路。 2. 工器具和材料	0.4 kV 带电作业实训线路	采用技能考核评分细则对学员操作评分
6. 工作终结	1. 使学员进一步辨析操作过程不足之处，便于后期提升。 2. 培训学员安全文明生产的工作作风	1. 作业现场清理。 2. 向调度汇报工作。 3. 班后会，对本次工作任务进行点评总结	1	培训方法： 讲授和归纳法	作业现场	

（四）作业流程

1. 工作任务

在0.4 kV低压带电作业实训线路，完成0.4 kV架空线路带电消缺操作。

2. 天气及作业现场要求

(1)0.4 kV架空线路带电消缺作业应在良好的天气进行。如遇雷电（听见雷声、看见闪电）、雪、雹、雨、雾等，禁止进行带电作业。风力大于5级，或空气相对湿度大于80%时，不宜进行带电作业；恶劣天气下必须开展带电抢修时，应组织有关人员充分讨论并编制必要的安全措施，经本单位批准后方可进行。

(2)作业人员精神状态良好，无妨碍作业的生理和心理障碍。熟悉工作中保证安全的组织措施和技术措施；应持有在有效期内的低压带电作业资质证书。

(3)工作负责人应事先组织相关人员完成现场勘察，根据勘察结果做出能否进行不停电作业的判断，并确定作业方法及应采取的安全技术措施，确定本次作业方法和所需工器具，并办理带电作业工作票。

(4)作业现场应合理设置围栏，并妥当布置警示标示牌，禁止非工作人员入内。

3. 准备工作

1)危险点及其预控措施

(1)危险点——带电作业专责监护人违章兼作其他工作或监护不到位，使作业人员失去监护。

预控措施：

①专责监护人应履行监护职责，不得兼作其他工作，要选择便于监护的位置，监护的范围不得超过一个作业点。

②作业现场及工具摆放位置周围应设置安全围栏、警示标志，防止行人及其他车辆进入作业现场。

(2)危险点——蹬脚扣、绝缘梯、安全带不合格，或安全带、后备保护绳固定构件不牢靠，存在作业人员坠落风险。

预控措施：

作业前应检查工器具确定合格。

(3)危险点——作业点周围存在绑扎线松动，导线有可能脱落，或邻近距离太近，作业时导线摆动幅度太大，相间或相地短路风险。

预控措施：

①作业中邻近不同电位导线或金具时，应采取绝缘隔离措施，防止相间短路和单相接地。

②作业时应控制导线摆动幅度，防止短路或接地。

(4)危险点——触电伤害。

预控措施：

①带电作业过程中，作业人员应始终穿戴齐全防护用具，保持人体与邻相带电体及接地体的安全距离。

②应对作业范围内的带电体和接地体等所有设备进行遮蔽。

③在带电作业过程中如设备突然停电，作业人员应视设备仍然带电。作业过程中绝缘工具金属部分应与接地体保持足够的安全距离。

(5)危险点——高空落物，造成人员伤害。操作电工不系安全带，造成高空坠落。

预控措施：

上下传递物品必须使用绝缘传递绳索，严禁高空抛物。尺寸较长的部件，应用绝缘传递绳捆扎牢固后传递。工作过程中，工作点下方禁止站人。操作电工应系好安全带，传递绝缘工具时，应一件一件地分别传递。

(6)危险点——操作不当，产生电弧，对人体造成弧光烧伤。

预控措施：

须正确穿戴防电弧能力不小于 8 cal/cm^2 的分体防弧光工作服，戴相应防护等级的防电弧面屏。

2)工器具及材料选择

0.4 kV 架空线路带电消缺所需工器具及材料见表 3-3。工器具出库前，应认真核对工器具的使用电压等级和试验周期，并检查确认外观良好、连接牢固、转动灵活，且符合本次工作任务的要求；工器具出库后，应存放在工具袋或工具箱内进行运输，防止脏污、受潮；金属工具和绝缘工器具应分开装运，防止因混装运输导致工器具变形、损伤等现象发生。

表 3-3　0.4 kV 架空线路带电消缺所需工器具及材料

序号	工器具名称		规格、型号	单位	数量	说明
1	承载(升降)工具	脚扣		副	1	登高板可替代
2	个人防护用具	防电弧服	8 cal/cm^2	套	2	室外作业防电弧能力不小于 6.8 cal/cm^2；配电柜等封闭空间作业不小于 25.6 cal/cm^2
3		双控背带式安全带		副	2	
4		绝缘手套	0.4 kV	副	2	带防护手套；10 kV 手套可替代
5		安全帽		顶	4	

续表 3-3

序号	工器具名称		规格、型号	单位	数量	说明
6	绝缘工器具	绝缘锁杆	0.4 kV	根	2	
7		绝缘传递绳		根	2	12 m
8	其他	验电器	0.4 kV	根	1	
9		围栏、安全警示牌等		套	1	
10		个人绝缘手持工具（工具袋）		套	1	

3）作业人员分工

本任务作业人员分工如表 3-4 所示。

表 3-4　0.4 kV 架空线路带电消缺作业员分工

序号	工作岗位	数量(人)	工作职责
1	工作负责人（监护人）	1	负责本次工作任务的人员分工、工作票的宣读、办理工作许可手续、召开工作班前会、工作中突发情况的处理、工作质量的监督、工作后的总结
2	操作电工	1	负责实施杆上具体作业流程
3	地面电工	1	负责向作业电工传递工具、材料等辅助工作

4）工作流程

本任务工作流程如表 3-5 所示。

表 3-5　0.4 kV 架空线路带电消缺工作流程

序号	作业内容	作业步骤及标准	安全措施及注意事项	责任人
1	现场复勘	（1）确认架空线路设备及周围环境满足作业条件。 （2）确认现场气象条件满足作业要求。 （3）检查带电作业工作票所列安全措施与现场实际情况是否相符，必要时予以补充	（1）正确穿戴安全帽、工作服、工作鞋、劳保手套。 （2）0.4 kV 线路双重名称核对无误。 （3）不得在危及作业人员安全的气象条件下作业。 （4）严禁非工作人员、车辆进入作业现场	
2	工作许可	（1）工作负责人向设备运行单位申请许可工作。 （2）经值班调控人员许可后，方可开始带电作业工作	（1）汇报内容为工作负责人姓名、工作地点、工作任务和计划工作时间。 （2）不得未经值班调控人员许可即开始工作	

续表 3-5

序号	作业内容	作业步骤及标准	安全措施及注意事项	责任人
3	现场布置	(1)安全围栏范围应充分考虑高处坠物,以及对道路交通的影响。 (2)安全围栏出入口设置合理。 (3)妥当布置"从此进出""在此工作"等标示。 (4)作业人员将工器具和材料放在清洁、干燥的防潮苫布上	(1)对道路交通安全影响不可控时,应及时联系交通管理部门强化现场交通安全管控。 (2)工器具应分类摆放。 (3)绝缘工器具不能与金属工具、材料混放	
4	召开班前会	(1)全体工作成员列队。 (2)工作负责人宣读工作票,明确工作任务及人员分工;讲解工作中的安全措施和技术措施;查(问)全体工作成员精神状态;告知工作中存在的危险点及采取的预控措施。 (3)全体工作成员在带电作业工作票上签名确认	(1)工作票填写、签发和许可手续规范,签名完整。 (2)全体工作成员精神状态良好。 (3)全体工作成员明确任务分工、安全措施和技术措施	
5	检查绝缘工器具及个人防护用品	(1)对绝缘工具、防护用具外观和试验合格证进行检查,并检测其绝缘性能。 (2)作业人员穿戴个人安全防护用品	(1)金属、绝缘工具使用前,应仔细检查其是否损坏、变形、失灵。绝缘工具应使用 2 500 V 及以上绝缘电阻表进行分段绝缘检测,阻值应不低于 700 MΩ,并在试验周期内,用清洁干燥的毛巾将其擦拭干净。 (2)对双控背带式安全带进行外观检查,并做冲击试验	
6	登杆前准备	(1)作业人员检查电杆根部、基础和拉线是否牢固。 (2)检查安全带及后备保护绳并做冲击试验,安全带和登杆用具冲击试验完成后,杆上作业人员方可登杆作业	(1)检查电杆根部、基础和拉线是否牢固。 (2)对脚扣、安全带、后备保护绳及登杆用具进行冲击试验	
7	登杆	(1)获得工作负责人许可后,作业人员登杆至作业位置。 (2)登杆过程中,不得失去安全带保护	操作正确	
8	验电	操作电工到达作业位置首先进行验电	(1)操作电工到达作业位置,在登高过程中不得失去安全带保护。 (2)验电时操作电工应与邻近带电设备保持足够的安全距离。 (3)验电应按照先带电体后接地体顺序进行,确认线路外绝缘良好可靠,无漏电情况。 (4)验电时,操作电工身体各部位应与其他带电设备保持足够的安全距离	

续表 3-5

序号	作业内容	作业步骤及标准	安全措施及注意事项	责任人
9	设置绝缘遮蔽	操作电工对作业范围内的所有带电体和接地体进行绝缘遮蔽	(1)在接近带电体过程中,应使用验电器从下方依次验电。 (2)对带电体设置绝缘遮蔽时,按照从近到远的原则,从离身体最近的带电体依次设置;对上下多回分布的带电导线设置遮蔽用具时,应按照从下到上的原则,从下层导线开始依次向上层设置;对导线、绝缘子、横担的设置次序是按照从带电体到接地体的原则,先放导线遮蔽罩,再放绝缘子遮蔽罩,然后对横担进行遮蔽。 (3)使用绝缘毯时应用绝缘夹夹紧,防止脱落	
10	清除异物	作业人员使用绝缘操作杆清除线路及杆塔上的异物	操作规范,与带电体保证足够的安全距离	
11	拆除遮蔽	操作电工拆除作业范围内的所有带电体和接地体的绝缘遮蔽	按照"由远至近""从上到下""从接地体到带电体"的顺序依次拆除绝缘遮蔽	
12	工作结束	(1)工作负责人组织班组成员清理现场。 (2)召开班后会,工作负责人做工作总结和点评工作。 (3)评估本项工作的施工质量。 (4)点评班组成员在作业中安全措施的落实情况。 (5)点评班组成员对规程规范的执行情况 (6)办理工作终结手续:工作负责人向调度汇报工作结束,并终结带电作业工作票	(1)将工器具清洁后放入专用的箱(袋)中。 (2)清理现场,做到工完料尽场地清 (3)带电作业工作票终结手续正确、规范	

二、考核标准

该模块的 0.4 kV 架空线路带电消缺技能培训考核评分表、评分细则见表 3-6、表 3-7。

表 3-6　0.4 kV 架空线路带电消缺技能培训考核评分表

<table>
<tr><td>考生
填写栏</td><td colspan="8">编号：　姓　名：　所在岗位：　单　位：　日　期：　年　月　日</td></tr>
<tr><td>考评员
填写栏</td><td colspan="8">成绩：　考评员：　考评组长：　开始时间：　结束时间：　操作时长：</td></tr>
<tr><td>考核
模块</td><td>0.4 kV 架空线路带电消缺</td><td>考核
对象</td><td>0.4 kV 配网不停电作业人员</td><td>考核
方式</td><td>操作</td><td>考核
时限</td><td>90 min</td></tr>
<tr><td>任务
描述</td><td colspan="7">0.4 kV 架空线路带电消缺</td></tr>
<tr><td>工作规范
及要求</td><td colspan="7">1. 带电作业工作应在良好天气下进行。如遇雷、雨、雪、雾天气不得进行带电作业。风力大于 5 级、湿度大于 80%时，一般不宜进行带电作业。
2. 工作票签发人或工作负责人应事先进行现场勘查，根据勘查结果做出能否进行不停电作业的判断，并确定作业方法及应采取的安全技术措施。
3. 作业点的电杆杆身、埋设基础是否可靠，作业现场是否有通信线、广告牌等影响作业的线路异物。
4. 作业点周围是否停有车辆或频繁有行人经过，是否存在掉落伤人可能；作业点周围是否存在绝缘老化、扎线松动、构件锈蚀严重等作业过程中可能引发短路意外的情况。
5. 在带电作业中，如遇雷、雨、大风或其他任何情况威胁到工作人员的安全时，工作负责人或监护人可根据情况，临时停止工作。
给定条件：
1. 培训基地：0.4 kV 架空线路。
2. 带电作业工作票已办理，安全措施已经完备，工作开始、工作终结时应口头提出申请（调度或考评员）。
3. 个人防护用具、绝缘工器具、个人工器具等。
必须按工作程序进行操作，工序错误扣除应做项目分值，出现重大人身、器材和操作安全隐患，考评员可下令终止操作（考核）</td></tr>
<tr><td>考核情景
准备</td><td colspan="7">1. 线路：0.4 kV 架空线路，工作内容：0.4 kV 架空线路带电消缺。
2. 所需作业工器具：个人防护用具、绝缘工器具、个人工器具。
3. 作业现场做好监护工作，作业现场安全措施（围栏等）已全部落实；禁止非作业人员进入现场，工作人员进入作业现场必须戴安全帽。
4. 考生自备工作服，阻燃纯棉内衣，安全帽，线手套</td></tr>
</table>

注：1. 出现重大人身、器材和操作安全隐患，考评员可下令终止操作。
2. 设备、作业环境、安全帽、工器具、绝缘工具等不符合作业条件，考评员可下令终止操作。

表 3-7　0.4 kV 架空线路带电消缺配网不停电作业技能培训考核评分细则

序号	项目名称	质量要求	分值	扣分标准	扣分原因	扣分	得分
1	现场复勘	(1)工作票签发人或工作负责人应事先进行现场勘查,根据勘查结果做出能否进行不停电作业的判断,并确定作业方法及应采取的安全技术措施。 (2)作业点的电杆杆身、埋设基础是否可靠,作业现场是否有通信线、广告牌等影响作业的线路异物。 (3)作业点周围是否停有车辆或频繁有行人经过,是否存在掉落伤人可能;作业点周围是否存在绝缘老化、扎线松动、构件锈蚀严重等作业过程中可能引发短路意外的情况。 (4)存在的其他作业危险点等	8	(1)未进行核对双重称号扣1分。 (2)未核实现场工作条件(气象)、缺陷部位扣1分。 (3)未检查电杆及周围环境扣2分。 (4)未检查作业点周围是否存在掉落伤人可能扣1分。 (5)工作票填写出现涂改,每项扣0.5分,工作票编号有误,扣1分。工作票填写不完整,扣1.5分			
2	工作许可	(1)工作负责人向设备运行单位申请许可工作。 (2)经值班调控人员许可后,方可开始带电作业工作	2	(1)未联系运行部门(裁判)申请工作扣2分。 (2)汇报专业用语不规范或不完整各扣0.5分			
3	现场布置	正确装设安全围栏并悬挂警示牌: (1)安全围栏范围应充分考虑高处坠物,以及对道路交通的影响,安全围栏出入口设置合理。 (2)妥当布置“从此进出”“在此工作”等标示。 (3)作业人员将工器具和材料放在清洁、干燥的防潮苫布上	5	(1)作业现场未装设围栏扣1分。 (2)未设立警示牌扣1分。 (3)工器具未分类摆放扣2分			

续表 3-7

序号	项目名称	质量要求	分值	扣分标准	扣分原因	扣分	得分
4	召开班前会	(1)全体工作成员正确佩戴安全帽、工作服。 (2)工作负责人穿红色背心,宣读工作票,明确工作任务及人员分工;讲解工作中的安全措施和技术措施;查(问)全体工作成员精神状态;告知工作中存在的危险点及采取的预控措施。 (3)全体工作成员在工作票上签名确认	5	(1)工作人员着装不整齐每人次扣0.5分。 (2)未进行分工本项不得分,分工不明扣1分。 (3)现场工作负责人未穿安全监护背心扣0.5分。 (4)工作票上工作班成员未签字或签字不全扣1分			
5	工器具检查	(1)工作人员按要求将工器具放在防潮苫布上;防潮苫布应清洁、干燥。 (2)工器具应按定置管理要求分类摆放;绝缘工器具不能与金属工具、材料混放;对工器具进行外观检查。 (3)绝缘工具表面不应磨损、变形损坏,操作应灵活。绝缘工具应使用2 500 V及以上绝缘电阻表进行分段绝缘检测,阻值应不低于700 MΩ,并用清洁干燥的毛巾将其擦拭干净。 (4)作业人员正确穿戴个人安全防护用品,工作负责人应认真检查是否穿戴正确。 (5)作业材料符合施工标准(安装条件),防电弧服防护能力应不小于6.8 cal/cm^2。 (6)绝缘工器具检查完毕,向工作负责人汇报检查结果	10	(1)未使用防潮苫布并定置摆放工器具扣1分。 (2)未检查工器具试验合格标签及外观每项扣0.5分。 (3)未正确使用检测仪器对工器具进行检测每项扣1分。 (4)作业人员未正确穿戴安全防护用品,每人次扣2分。 (5)对作业材料是否符合施工标准未进行检查的,每项扣1分。 (6)未向工作负责人汇报扣2分			

续表 3-7

序号	项目名称	质量要求	分值	扣分标准	扣分原因	扣分	得分
6	登杆前准备	(1)作业人员检查电杆根部、基础和拉线是否牢固。 (2)检查安全带及后备保护绳并做冲击试验，安全带和登杆用具冲击试验完成后，杆上作业人员方可登塔作业	15	(1)未检查电杆根部、基础和拉线是否牢固，每处扣3分。 (2)未做安全带、后备保护绳及登杆用具冲击试验，每处扣2分			
7	登杆	(1)获得工作负责人许可后，作业人员登杆至作业位置。 (2)登杆过程中，不得失去安全带保护	10	操作不正确，每处扣2分			
8	验电	获得工作负责人许可后，杆上作业人员使用验电器对绝缘子、横担等作业点周围接地体进行验电，确认无漏电现象	10	验电每漏一处扣2分			
9	设置绝缘遮蔽	在接地体距离带电体较近，有可能造成短路等危险情况的位置，对带电体进行遮蔽、隔离；按照“从近到远、从下到上”的遮蔽原则进行	10	(1)绝缘遮蔽措施不严密和牢固，每处扣1分。 (2)遮蔽顺序不正确，每处扣1分			
10	清除异物	作业人员使用绝缘锁杆清除线路杆塔上的异物	5	操作不规范每处扣1分			
11	拆除遮蔽	获得工作负责人许可后，作业人员按照与设置绝缘遮蔽相反的顺序拆除：按照“从远到近、从上到下”的拆除原则进行	5	操作不规范每处扣1分			

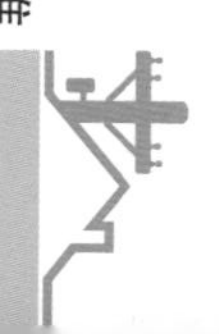

续表 3-7

序号	项目名称	质量要求	分值	扣分标准	扣分原因	扣分	得分
12	返回地面	获得工作负责人许可后，杆上作业人员检查线路、杆塔上无遗留物，检查安装质量合格后返回地面	5	(1)未检查线路、杆塔上无遗留物扣 3 分 (2)未检查安装质量合格扣 2 分			
13	工作结束	(1)工作负责人组织班组成员清理现场。 (2)召开班后会，工作负责人做工作总结和点评工作。 (3)评估本项工作的施工质量。 (4)点评班组成员在作业中的安全措施的落实情况。 (5)点评班组成员对规程规范的执行情况。 (6)办理带电作业工作票终结手续	10	(1)工器具未清理扣 2 分。 (2)工器具有遗漏扣 2 分。 (3)未开班后会扣 2 分。 (4)未拆除围栏扣 2 分。 (5)未办理带电作业工作票终结手续扣 2 分			
合计			100				

第二节　0.4 kV 带电断、接低压接户线引线

一、培训标准

(一)培训要求

0.4 kV 带电断、接低压接户线引线培训要求见表 3-8。

表 3-8　0.4 kV 带电断、接低压接户线引线培训要求

名称	0.4 kV 带电断、接低压接户线引线	培训类别	操作类
培训方式	实操培训	培训学时	11 学时
培训目标	1. 熟悉 0.4 kV 带电断、接低压接户线引线操作流程、工器具准备、危险点及预控措施。 2. 能完成 0.4 kV 带电断、接低压接户线引线操作		
培训场地	0.4 kV 低压带电作业实训线路		
培训内容	在 0.4 kV 低压带电作业实训线路,完成 0.4 kV 带电断、接低压接户线引线操作		
适用范围	适用于断、接接户线(集束电缆、普通低压电缆、铝塑线)引线(空载)作业		

(二)引用规程规范

《10 kV 配网不停电作业规范》(Q/GDW 10520—2016);

《配网运维规程》(Q/GDW 1519—2014);

《国家电网公司电力安全工作规程(配电部分)(试行)》(国家电网安质〔2014〕265 号);

《带电作业工具设备术语》(GB/T 14286—2008);

《配电线路带电作业技术导则》(GB/T 18857—2019);

《农村电网低压电气安全工作规程》(DL/T 477—2010);

《农村低压安全用电规程》(DL/T 493—2015);

《农村低压电力技术规程》(DL/T 499—2001)。

(三)培训教学设计

本项目以完成“0.4 kV 带电断、接低压接户线引线”为工作任务,按工作任务的标准化作业流程来设计各个培训阶段,每个阶段包括具体的培训目标、培训内容、培训学时、培训方法(培训资源)、培训环境和考核评价等内容,如表 3-9 所示。

表 3-9　0.4 kV 带电断、接低压接户线引线培训内容设计

培训流程	培训目标	培训内容	培训学时	培训方法与资源	培训环境	考核评价
1. 理论教学	1. 熟悉 0.4 kV 带电断、接低压接户线引线工器具及材料检查方法。 2. 0.4 kV 带电断、接低压接户线引线操作流程	1. 正确检查本项目所涉及的个人防护用具、绝缘操作用具、绝缘遮蔽用具、个人工具和材料。 2. 在 0.4 kV 低压带电作业实训线路,完成 0.4 kV 带电断、接低压接户线引线操作	2	培训方法：讲授法。 培训资源：PPT、相关规程规范	多媒体教室	考勤、课堂提问和作业
2. 准备工作	能完成作业前准备工作	1. 作业现场查勘。 2. 编制培训标准化作业卡。 3. 填写培训带电作业工作票。 4. 完成本操作的工器具及材料准备	1	培训方法： 1. 现场查勘和工器具及材料清理采用现场实操方法。 2. 编写作业卡和填写工作票采用讲授方法。 培训资源： 1. 0.4 kV 实训线路； 2. 0.4 kV 带电作业工器具库房； 3. 空白工作票	1. 0.4 kV 带电作业实训线路； 2. 多媒体教室	
3. 作业现场准备	能完成作业现场准备工作	1. 作业现场复勘。 2. 工作申请。 3. 作业现场布置。 4. 班前会。 5. 工器具及材料检查	1	培训方法： 演示与角色扮演法。 培训资源： 1. 0.4 kV 带电作业实训线路。 2. 工器具及材料	0.4 kV 带电作业实训线路	

续表 3-9

培训流程	培训目标	培训内容	培训学时	培训方法与资源	培训环境	考核评价
4. 培训师演示	通过现场观摩，使学员初步领会本任务操作流程	1. 验电验流。 2. 对作业范围内的所有带电体和接地体进行绝缘遮蔽。 3. 确认接户线（集束电缆、普通低压电缆、铝塑线）引线电气回路处于空载隔离状态。 4. 确认接户线（集束电缆、普通低压电缆、铝塑线）引线的零线、相线。 5. 断进户线引线。 6. 断零线。 7. 确认架空导线相序和接户线的相序标识。 8. 搭接接户线（集束电缆、普通低压电缆、铝塑线）的引线。 9. 拆除作业范围内的所有带电体和接地体的绝缘遮蔽	1	培训方法： 演示法。 培训资源： 0.4 kV 带电作业实训线路	0.4 kV 带电作业实训线路	
5. 学员分组训练	能完成 0.4 kV 带电断、接低压接户线引线操作	1. 学员分组（10 人一组）训练 0.4 kV 带电断、接低压接户线引线操作。 2. 培训师对学员操作进行指导和安全监护	5	培训方法： 角色扮演法。 培训资源： 1. 0.4 kV 实训线路。 2. 工器具和材料	0.4 kV 带电作业实训线路	采用技能考核评分细则对学员操作评分
6. 工作终结	1. 使学员进一步辨析操作过程不足之处，便于后期提升。 2. 培训学员安全文明生产的工作作风	1. 作业现场清理。 2. 向调度汇报工作。 3. 班后会，对本次工作任务进行点评总结	1	培训方法： 讲授和归纳法	作业现场	

(四)作业流程

1. 工作任务

在0.4 kV低压带电作业实训线路,完成0.4 kV带电断、接低压接户线引线操作。

2. 天气及作业现场要求

(1)0.4 kV带电断、接低压接户线引线作业应在良好的天气进行。如遇雷电(听见雷声、看见闪电)、雪、雹、雨、雾等,禁止进行带电作业。风力大于5级,或空气相对湿度大于80%时,不宜进行带电作业;恶劣天气下必须开展带电抢修时,应组织有关人员充分讨论并编制必要的安全措施,经本单位批准后方可进行。

(2)作业人员精神状态良好,无妨碍作业的生理障碍和心理障碍。熟悉工作中保证安全的组织措施和技术措施;应持有在有效期内的低压带电作业资质证书。

(3)工作负责人应事先组织相关人员完成现场勘察,根据勘察结果做出能否进行不停电作业的判断,并确定作业方法及应采取的安全技术措施,确定本次作业方法和所需工器具,并办理带电作业工作票。

(4)作业现场应合理设置围栏,并妥当布置警示标示牌,禁止非工作人员入内。

3. 准备工作

1)危险点及其预控措施

(1)危险点——带电作业专责监护人违章兼作其他工作或监护不到位,使作业人员失去监护。

预控措施:

①专责监护人应履行监护职责,不得兼作其他工作,要选择便于监护的位置,监护的范围不得超过一个作业点。

②作业现场及工具摆放位置周围应设置安全围栏、警示标志,防止行人及其他车辆进入作业现场。

(2)危险点——未检查低压接户线(集束电缆、普通低压电缆、铝塑线)载流情况,造成带负荷断、接引线。

预控措施:

作业前应确认低压接户线(集束电缆、普通低压电缆、铝塑线)为空载状态。

(3)危险点——带电断引线时顺序错误。

预控措施:

带电断引线应严格按照"先相线、后零线"的顺序。先断电源侧、后断负荷侧。

(4)危险点——已断开、未搭接的引线因感应电对人体造成伤害。

预控措施:

已断开、未搭接引线的金属裸露部分应有绝缘保护。

(5)危险点——接引线时相序错误。

预控措施：

①带电接接户线应严格按照“先零线、后相线”的顺序。先接负荷侧、后接电源侧。

②应和运行部门在接户线负荷侧核实确认接户线相序的正确性，并试送电。

(6)危险点——触电伤害。

预控措施：

①带电作业过程中，作业人员应始终穿戴齐全防护用具。保持人体与邻相带电体及接地体的安全距离。

②应对作业范围内的带电体和接地体等所有设备进行遮蔽。

③在带电作业过程中如设备突然停电，作业人员应视设备仍然带电。作业过程中绝缘工具金属部分应与接地体保持足够的安全距离。

(7)危险点——高空落物，造成人员伤害。操作电工不系安全带，造成高空坠落。

预控措施：

上下传递物品必须使用绝缘传递绳索，严禁高空抛物。尺寸较长的部件，应用绝缘传递绳捆扎牢固后传递。工作过程中，工作点下方禁止站人。操作电工应系好安全带，传递绝缘工具时，应一件一件地分别传递。

(8)危险点——操作不当，产生电弧，对人体造成弧光烧伤。

预控措施：

须正确穿戴防电弧能力不小于 8 cal/cm^2 的分体防弧光工作服，戴相应防护等级的防电弧面屏。

2)工器具及材料选择

0.4 kV 带电断、接低压接户线引线所需工器具及材料见表 3-10。工器具出库前，应认真核对工器具的使用电压等级和试验周期，并检查确认外观良好、连接牢固、转动灵活，且符合本次工作任务的要求；工器具出库后，应存放在工具袋或工具箱内进行运输，防止脏污、受潮；金属工具和绝缘工器具应分开装运，防止因混装运输导致工器具变形、损伤等现象发生。

表 3-10　0.4 kV 带电断、接低压接户线引线所需工器具及材料

序号	工器具名称		规格、型号	单位	数量	说明
1	承载(升降)工具	绝缘承载工具	低压带电作业车	套	1	10 kV 绝缘斗臂车、绝缘梯、绝缘平台可替代
		脚扣		双	1	

续表 3-10

序号	工器具名称		规格、型号	单位	数量	说明
2	个人防护用具	防电弧服	8 cal/cm^2	套	1	室外作业防电弧能力不小于6.8 cal/cm^2；配电柜等封闭空间作业不小于25.6 cal/cm^2
3		护目镜		副	1	
4		绝缘鞋	5 kV	双	1	
5		双控背带式安全带		副	1	
6		绝缘手套	1 kV	副	1	
7		防护手套		副	1	
8		安全帽		顶	3	
9	绝缘遮蔽用具	绝缘塑料自动夹紧滑套	1 kV	个	3	
10		绝缘毯	1 kV	个	3	
11		绝缘毯夹		个	5	
12	绝缘操作工具	绝缘柄断线钳	1 kV	个	1	
13		个人手工绝缘工具	1 kV	套	1	
14	辅助工具	对讲机		个	3	
15		防潮垫或苫布		块	2	
16		安全警示带(牌)		套	5	
17		绝缘传递绳		条	2	
18	仪器仪表	钳形电流表(带绝缘柄)		只	1	
19		温湿度仪		块	1	
20		风速仪		块	1	
21		低压验电器	0.4 kV	只	1	
22		万用表		只	1	
23		低压测试仪		只	1	

3) 作业人员分工

本任务作业人员分工如表 3-11 所示。

表 3-11　0.4 kV 带电断、接低压接户线引线工作人员分工

序号	工作岗位	数量(人)	工作职责
1	工作负责人(监护人)	1	负责本次工作任务的人员分工、工作票的宣读、办理工作许可手续、召开工作班前会、工作中突发情况的处理、工作质量的监督、工作后的总结
2	操作电工	1	负责带电断、接低压接户线引线(空载)
3	地面电工	1	负责现场布置、传递工器具等

4. 工作流程

本任务工作流程如表 3-12 所示。

表 3-12　0.4 kV 带电断、接低压接户线引线工作流程

序号	作业内容	作业步骤及标准	安全措施及注意事项	责任人
1	现场复勘	(1)确认架空线路设备及周围环境满足作业条件。 (2)确认现场气象条件满足作业要求。 (3)检查带电作业工作票所列安全措施与现场实际情况是否相符,必要时予以补充	(1)正确穿戴安全帽、工作服、工作鞋、劳保手套。 (2)0.4 kV 线路双重名称核对无误。 (3)不得在危及作业人员安全的气象条件下作业。 (4)严禁非工作人员、车辆进入作业现场	
2	工作许可	(1)工作负责人向设备运行单位申请许可工作。 (2)经值班调控人员许可后,方可开始带电作业工作	(1)汇报内容为工作负责人姓名、工作地点、工作任务和计划工作时间。 (2)不得未经值班调控人员许可即开始工作	
3	现场布置	(1)安全围栏范围应充分考虑高处坠物,以及对道路交通的影响。 (2)安全围栏出入口设置合理。 (3)妥当布置“从此进出”“在此工作”等标示。 (4)作业人员将工器具和材料放在清洁、干燥的防潮苫布上	(1)对道路交通安全影响不可控时,应及时联系交通管理部门强化现场交通安全管控。 (2)工器具应分类摆放。 (3)绝缘工器具不能与金属工具、材料混放	

续表 3-12

序号	作业内容	作业步骤及标准	安全措施及注意事项	责任人
4	召开班前会	(1)全体工作成员列队。 (2)工作负责人宣读工作票,明确工作任务及人员分工;讲解工作中的安全措施和技术措施;查(问)全体工作成员精神状态;告知工作中存在的危险点及采取的预控措施。 (3)全体工作成员在带电作业工作票上签名确认	(1)工作票填写、签发和许可手续规范,签名完整。 (2)全体工作成员精神状态良好。 (3)全体工作成员明确任务分工、安全措施和技术措施	
5	检查绝缘工器具及个人防护用品	(1)对绝缘工具、防护用具外观和试验合格证进行检查,并检测其绝缘性能。 (2)作业人员穿戴个人安全防护用品	(1)金属、绝缘工具使用前,应仔细检查其是否损坏、变形、失灵。绝缘工具应使用 2 500 V 及以上绝缘电阻表进行分段绝缘检测,阻值应不低于 700 MΩ,并在试验周期内,用清洁、干燥的毛巾将其擦拭干净。 (2)对脚扣、双控背带式安全带进行外观检查,并做冲击试验	
6	验电验流	(1)操作电工到达作业位置首先进行验电。 (2)操作电工验流,确认待接接户线(集束电缆、普通低压电缆、铝塑线)路无负荷	(1)操作电工到达作业位置,在登高过程中不得失去安全带保护。 (2)验电时操作电工应与邻近带电设备保持足够的安全距离。 (3)验电应按照先带电体后接地体顺序进行,确认线路外绝缘良好可靠,无漏电情况。 (4)验电时,操作电工身体各部位应与其他带电设备保持足够的安全距离。 (5)验流时,确认待接接户线(集束电缆、普通低压电缆、铝塑线)负荷侧开关、刀闸处于断开状态,并对待接引线验明无电流、电压后方可开始断引线	

续表 3-12

序号	作业内容	作业步骤及标准	安全措施及注意事项	责任人
7	绝缘遮蔽	操作电工对作业范围内的所有带电体和接地体进行绝缘遮蔽	(1)在接近带电体过程中,应使用验电器从下方依次验电。 (2)对带电体设置绝缘遮蔽时,按照从近到远的原则,从离身体最近的带电体依次设置;对上下多回分布的带电导线设置遮蔽用具时,应按照从下到上的原则,从下层导线开始依次向上层设置;对导线、绝缘子、横担的设置次序是按照从带电体到接地体的原则,先放导线遮蔽罩,再放绝缘子遮蔽罩,然后对横担进行遮蔽。 (3)使用绝缘毯时应用绝缘夹夹紧,防止脱落	
8	确认	(1)确认接户线(集束电缆、普通低压电缆、铝塑线)引线电气回路处于空载隔离状态。 (2)确认接户线(集束电缆、普通低压电缆、铝塑线)引线的零线、相线	(1)使用钳形电流表逐相验明相线、零线确无电流。 (2)使用万用表,通过多次点测不同相与相间电压,明确相线与零线	
9	断引	(1)断进户线引线:按照“先相线、后零线”的顺序,先拆除接户线(集束电缆、普通低压电缆、铝塑线)相线的引线。 (2)断零线	(1)断线前用绝缘锁杆固定引线,防止引线摆动。 (2)将断开引线的金属裸露部分用绝缘塑料自动夹紧滑套进行绝缘保护。 (3)由近及远逐相拆除接户线(集束电缆、普通低压电缆、铝塑线)相线,最后拆除零线的引线	
10	确认	确认架空导线相序和接户线的相序标识	使用万用表,通过多次点测不同相与相间电压,明确相线与零线	

续表 3-12

序号	作业内容	作业步骤及标准	安全措施及注意事项	责任人
11	接引	操作电工搭接接户线(集束电缆、普通低压电缆、铝塑线)的引线	(1)安装低压接户线(集束电缆、普通低压电缆、铝塑线)的抱箍,并收紧引线至合适位置。 (2)将引线金属裸露部分采用绝缘塑料自动夹紧滑套进行绝缘保护后,整理引线。 (3)剥除主线与引线绝缘外皮,先搭接接户线(集束电缆、普通低压电缆、铝塑线)零线的引线,再由远至近依次搭接相线(火线)引线。 (4)接户线(集束电缆、普通低压电缆、铝塑线)引线每相接引点依次相距 0.2 m	
12	拆除遮蔽	操作电工拆除作业范围内的所有带电体和接地体的绝缘遮蔽	按照"由远至近"、"从上到下"、"从接地体到带电体"的顺序依次拆除绝缘遮蔽	
13	工作结束	(1)工作负责人组织班组成员清理现场。 (2)召开班后会,工作负责人做工作总结和点评工作。 (3)评估本项工作的施工质量。 (4)点评班组成员在作业中的安全措施的落实情况。 (5)点评班组成员对规程规范的执行情况 (6)办理工作终结手续:工作负责人向调度汇报工作结束,并终结带电作业工作票	(1)将工器具清洁后放入专用的箱(袋)中。 (2)清理现场,做到工完料尽场地清 (3)带电作业工作票终结手续正确、规范	

二、考核标准

该模块的 0.4 kV 带电断、接低压接户线引线技能培训考核评分表、评分细则见表 3-13、表 3-14。

表 3-13　0.4 kV 带电断、接低压接户线引线技能培训考核评分表

<table>
<tr><td>考生
填写栏</td><td colspan="7">编号：　　姓　名：　　所在岗位：　　单　位：　　日　期：　　年　月　日</td></tr>
<tr><td>考评员
填写栏</td><td colspan="7">成绩：　　考评员：　　考评组长：　　开始时间：　　结束时间：　　操作时长：</td></tr>
<tr><td>考核
模块</td><td>0.4 kV 带电断、接低压接户线引线</td><td>考核
对象</td><td>0.4 kV 配网不停电作业人员</td><td>考核
方式</td><td>操作</td><td>考核
时限</td><td>90 min</td></tr>
<tr><td>任务
描述</td><td colspan="7">在 0.4 kV 低压带电作业实训线路，完成 0.4 kV 带电断、接低压接户线引线操作</td></tr>
<tr><td>工作规范
及要求</td><td colspan="7">1. 带电作业工作应在良好天气下进行。如遇雷、雨、雪、雾天气不得进行带电作业。风力大于 5 级、湿度大于 80%时，一般不宜进行带电作业。
2. 本项作业需工作负责人 1 名，操作电工 1 名、地面电工 1 名，完成 0.4 kV 带电断、接低压接户线引线操作。
3. 工作负责人职责：负责本次工作任务的人员分工、工作票的宣读、办理工作许可手续、召开工作班前会、工作中突发情况的处理、工作质量的监督、工作后的总结。
4. 操作电工职责：负责带电断、接低压接户线引线（空载）。
5. 地面电工职责：负责现场布置、传递工器具等。
6. 在带电作业中，如遇雷、雨、大风或其他任何情况威胁到工作人员的安全时，工作负责人或监护人可根据情况，临时停止工作。
给定条件：
1. 培训基地：0.4 kV 低压线路。
2. 带电作业工作票已办理，安全措施已经完备，工作开始、工作终结时应口头提出申请（调度或考评员）。
3. 绝缘防护用具、绝缘遮蔽用具、绝缘操作工具、辅助工具及仪器仪表等。
必须按工作程序进行操作，工序错误扣除应做项目分值，出现重大人身、器材和操作安全隐患，考评员可下令终止操作（考核）</td></tr>
<tr><td>考核情景
准备</td><td colspan="7">1. 线路：0.4 kV 低压配电线路，工作内容：0.4 kV 带电断、接低压接户线引线操作。
2. 所需作业工器具：绝缘防护用具、绝缘遮蔽用具、绝缘操作工具、辅助工具及仪器仪表等。
3. 作业现场做好监护工作，作业现场安全措施（围栏等）已全部落实；禁止非作业人员进入现场，工作人员进入作业现场必须戴安全帽。
4. 考生自备工作服，阻燃纯棉内衣，安全帽，线手套</td></tr>
</table>

注：1. 出现重大人身、器材和操作安全隐患，考评员可下令终止操作。
2. 设备、作业环境、安全防护用具、工器具、绝缘工具等不符合作业条件，考评员可下令终止操作。

表 3-14 0.4 kV 带电断、接低压接户线引线技能培训考核细则

序号	项目名称	质量要求	分值	扣分标准	扣分原因	扣分	得分
1	现场复勘	(1)工作负责人到作业现场核对 0.4 kV 线路名称及编号,确认现场是否满足作业条件。 (2)检测风速、湿度等现场气象条件符合作业要求。 (3)检查带电作业工作票填写完整,无涂改,检查是否所列安全措施与现场实际情况是否相符,必要时予以补充	8	(1)未进行核对双重称号扣 1 分。 (2)未核实现场工作条件(气象)、缺陷部位扣 1 分。 (3)工作票填写出现涂改,每项扣 0.5 分,工作票编号有误,扣 1 分。工作票填写不完整,扣 1.5 分			
2	工作许可	(1)工作负责人向设备运行单位申请许可工作。 (2)经值班调控人员许可后,方可开始带电作业工作	2	(1)未联系运行部门(裁判)申请工作扣 2 分。 (2)汇报专业用语不规范或不完整各扣 0.5 分			
3	现场布置	正确装设安全围栏并悬挂标示牌: (1)安全围栏范围应充分考虑高处坠物,以及对道路交通的影响,安全围栏出入口设置合理。 (2)妥当布置"从此进出""在此工作"等标示。 (3)作业人员将工器具和材料放在清洁、干燥的防潮苫布上	5	(1)作业现场未装设围栏扣 0.5 分。 (2)未设立警示牌扣 0.5 分。 (3)工器具未分类摆放扣 2 分			
4	召开班前会	(1)全体工作成员正确佩戴安全帽、穿工作服。 (2)工作负责人穿红色背心,宣读工作票,明确工作任务及人员分工;讲解工作中的安全措施和技术措施;查(问)全体工作成员精神状态;告知工作中存在的危险点及采取的预控措施。 (3)全体工作成员在工作票上签名确认	5	(1)工作人员着装不整齐每人次扣 0.5 分。 (2)未进行分工本项不得分,分工不明扣 1 分。 (3)现场工作负责人未穿安全监护背心扣 0.5 分。 (4)工作班成员未在工作票上签字或签字不全的扣 1 分			

续表 3-14

序号	项目名称	质量要求	分值	扣分标准	扣分原因	扣分	得分
5	工器具检查	(1)工作人员按要求将工器具放在防潮苫布上;防潮苫布应清洁、干燥。 (2)工器具应按定置管理要求分类摆放;绝缘工器具不能与金属工具、材料混放;对工器具进行外观检查。 (3)绝缘工具表面不应磨损、变形损坏,操作应灵活。绝缘工具应使用 2 500 V 及以上绝缘电阻表进行分段绝缘检测,阻值应不低于 700 MΩ,并用清洁干燥的毛巾将其擦拭干净。 (4)作业人员正确穿戴个人安全防护用品,工作负责人应认真检查是否穿戴正确	10	(1)未使用防潮苫布并定置摆放工器具扣 1 分。 (2)未检查工器具试验合格标签及外观每项扣 0.5 分。 (3)未正确使用检测仪器对工器具进行检测每项扣 1 分。 (4)作业人员未正确穿戴安全防护用品,每人次扣 2 分			
6	验电	(1)操作电工到达作业位置首先进行验电。 (2)操作电工验流,确认待接接户线(集束电缆、普通低压电缆、铝塑线)路无负荷	8	(1)操作电工未进行验电扣 4 分。 (2)操作电工未进行验流扣 4 分。 (3)操作电工未按正确顺序验电扣 2 分			
7	绝缘遮蔽	操作电工对作业范围内的所有带电体和接地体进行绝缘遮蔽	12	(1)未进行遮蔽不得分。 (2)遮蔽不严密扣 1 分/处。 (3)遮蔽过程中高空落物扣 1 分/次。 (4)遮蔽用具重叠处小于 150 mm 扣 1 分/处。 (5)遮蔽顺序错误扣 1 分/处			

续表 3-14

序号	项目名称	质量要求	分值	扣分标准	扣分原因	扣分	得分
8	确认	(1)确认接户线(集束电缆、普通低压电缆、铝塑线)引线电气回路处于空载隔离状态。 (2)确认接户线(集束电缆、普通低压电缆、铝塑线)引线的零线、相线	10	(1)未确认引线电气回路处于空载隔离状态扣5分。 (2)未确认引线的零线、相线扣5分。 (3)引线的零线、相线确认错误扣2分			
9	断引	(1)断进户线引线:按照“先相线、后零线”顺序,先拆除接户线(集束电缆、普通低压电缆、铝塑线)相线的引线。 (2)断零线	10	(1)拆开绑扎线过程中动作过大扣5分。 (2)拆除引线时,扎线伸出过长扣4分。 (3)引线拆除操作顺序错误扣2分。 (4)已拆开引线固定不牢固扣3分。 (5)已拆开引线未固定扣5分。 (6)已断开引线的金属裸露部分未设置绝缘保护扣4分。 (7)工作负责人未检查引线拆开处情况扣1分			
10	确认	确认架空导线相序和接户线的相序标识	10	(1)未确认架空导线相序和接户线的相序标识扣5分。 (2)未确认引线的零线、相线扣5分。 (3)引线的零线、相线确认错误扣2分			

续表 3-14

序号	项目名称	质量要求	分值	扣分标准	扣分原因	扣分	得分
11	接引	操作电工搭接接户线（集束电缆、普通低压电缆、铝塑线）的引线	10	（1）搭接引线时，未测量引线长度扣1分。 （2）搭接引线，绑扎过程中动作过大扣5分。 （3）搭接引线时，扎线伸出过长扣4分。 （4）搭接引线操作顺序错误扣4分。 （5）绑扎线长度未达到180 mm扣1分。 （6）扎线不平整美观扣1分。 （7）未搭接引线的金属裸露部分未设置绝缘保护扣4分。 （8）工作负责人未检查搭接处情况扣2分			
12	拆除遮蔽	操作电工拆除作业范围内的所有带电体和接地体的绝缘遮蔽	5	（1）拆除绝缘遮蔽顺序错误扣2分。 （2）漏拆绝缘遮蔽扣2分。 （3）拆除绝缘遮蔽过程中高空落物扣1分/次			
13	工作结束	（1）工作负责人组织班组成员清理现场。 （2）召开班后会，工作负责人做工作总结和点评工作。 （3）评估本项工作的施工质量。 （4）点评班组成员在作业中的安全措施的落实情况。 （5）点评班组成员对规程规范的执行情况。 （6）办理带电作业工作票终结手续	5	（1）工器具未清理扣2分。 （2）工器具有遗漏扣2分。 （3）未开班后会扣2分。 （4）未拆除围栏扣2分。 （5）未办理带电作业工作票终结手续扣2分			
合计			100				

第三节 0.4 kV 带电断、接分支线路引线

一、培训标准

（一）培训要求

0.4 kV 带电断、接分支线路引线培训要求见表 3-15。

表 3-15 0.4 kV 带电断、接分支线路引线培训要求

名称	0.4 kV 带电断、接分支线路引线	培训类别	操作类
培训方式	实操培训	培训学时	11 学时
培训目标	1. 熟悉 0.4 kV 带电断、接分支线路引线操作流程。 2. 能完成 0.4 kV 带电断、接分支线路引线操作。 3. 了解 0.4 kV 带电断、接分支线路引线的重点难点以及注意事项		
培训场地	0.4 kV 低压带电作业实训线路		
培训内容	完成 0.4 kV 带电断、接分支线路引线		
适用范围	0.4 kV 绝缘手套作业法带电断、接分支线路引线工作		

（二）引用规程规范

《10 kV 配网不停电作业规范》（Q/GDW 10520—2016）；

《配网运维规程》（Q/GDW 1519—2014）；

《国家电网公司电力安全工作规程（配电部分）（试行）》（国家电网安质〔2014〕265 号）；

《带电作业工具设备术语》（GB/T 14286—2008）；

《配电线路带电作业技术导则》（GB/T 18857—2019）；

《农村电网低压电气安全工作规程》（DL/T 477—2010）；

《农村低压安全用电规程》（DL/T 493—2015）；

《农村低压电力技术规程》（DL/T 499—2001）。

（三）培训教学设计

本项目以完成“0.4 kV 带电断、接分支线路引线”为工作任务，按工作任务的标准化作业流程来设计各个培训阶段，每个阶段包括具体的培训目标、培训内容、培训学时、培训方法（培训资源）、培训环境和考核评价等内容，如表 3-16 所示。

表 3-16　0.4 kV 带电断、接分支线路引线培训内容设计

培训流程	培训目标	培训内容	培训学时	培训方法与资源	培训环境	考核评价
1. 理论教学	1. 熟悉 0.4 kV 带电断、接分支线路引线工器具及材料检查方法； 2. 了解 0.4 kV 带电断、接分支线路引线操作流程	1. 正确检查本项目所涉及的车辆、个人防护用具、绝缘操作用具、仪器仪表、个人工具和材料。 2. 在工作点完成 0.4 kV 带电断、接分支线路引线	2	培训方法：讲授法。 培训资源：PPT、相关规程规范	多媒体教室	考勤、课堂提问和作业
2. 准备工作	能完成作业前准备工作	1. 作业现场查勘。 2. 编制培训标准化作业卡。 3. 填写培训带电作业工作票。 4. 完成本操作的工器具及材料准备	1	培训方法： 1. 现场查勘和工器具及材料清理采用现场实操方法。 2. 编写作业卡和填写工作票采用讲授方法。 培训资源： 1. 0.4 kV 实训线路； 2. 0.4 kV 带电作业工器具库房； 3. 低压 0.4 kV 综合抢修车（可升降） 4. 空白工作票	1. 0.4 kV 带电作业实训线路； 2. 多媒体教室	
3. 作业现场准备	能完成作业现场准备工作	1. 作业现场复勘。 2. 工作申请。 3. 作业现场布置。 4. 班前会。 5. 工器具及材料检查	1	培训方法： 演示与角色扮演法。 培训资源： 1. 0.4 kV 带电作业实训线路 2. 低压 0.4 kV 综合抢修车（可升降） 3. 工器具及材料	0.4 kV 带电作业实训线路	

续表 3-16

培训流程	培训目标	培训内容	培训学时	培训方法与资源	培训环境	考核评价
4. 培训师演示	通过现场观摩，使学员初步领会本任务操作流程	1. 到达作业位置首先进行验电。 2. 验流，确认待接分支线（集束电缆、普通低压电缆、铝塑线）路无负荷。 3. 对作业范围内的所有带电体和接地体进行绝缘遮蔽。 4. 确认分支线（集束电缆、普通低压电缆、铝塑线）引线电气回路处于空载隔离状态。 5. 确认分支线（集束电缆、普通低压电缆、铝塑线）引线的零线、相线。 6. 断进户线引线：按照“先相线、后零线”顺序，先拆除分支线（集束电缆、普通低压电缆、铝塑线）相线的引线。 7. 断零线。 8. 搭接分支线（集束电缆、普通低压电缆、铝塑线）的引线。 9. 拆除作业范围内的所有带电体和接地体的绝缘遮蔽	1	培训方法： 演示法。 培训资源： 0.4 kV 带电作业实训线路	0.4 kV 带电作业实训线路	
5. 学员分组训练	1. 能完成作业范围内的所有带电体和接地体的绝缘遮蔽。 2. 能完成 0.4 kV 带电断、接分支线路引线	1. 学员分组（3 人一组）训练 0.4 kV 带电断、接分支线路引线技能操作。 2. 培训师对学员操作进行指导和安全监护	5	培训方法： 角色扮演法。 培训资源： 1. 0.4 kV 实训线路。 2. 低压 0.4 kV 综合抢修车（可升降）。 3. 工器具和材料	0.4 kV 带电作业实训线路	采用技能考核评分细则对学员操作评分
6. 工作终结	1. 使学员进一步辨析操作过程不足之处，便于后期提升。 2. 培训学员安全文明生产的工作作风	1. 作业现场清理。 2. 向调度汇报工作。 3. 班后会，对本次工作任务进行点评总结	1	培训方法： 讲授和归纳法	作业现场	

（四）作业流程

1. 工作任务

完成0.4 kV带电断、接分支线路引线操作。

2. 天气及作业现场要求

（1）0.4 kV绝缘手套临时电源作业应在良好的天气进行。

如遇雷电（听见雷声、看见闪电）、雪、雹、雨、雾等，禁止进行带电作业。风力大于5级，或空气相对湿度大于80%时，不宜进行带电作业；恶劣天气下必须开展带电抢修时，应组织有关人员充分讨论并编制必要的安全措施，经本单位批准后方可进行。

（2）作业人员精神状态良好，无妨碍作业的生理障碍和心理障碍。熟悉工作中保证安全的组织措施和技术措施；应持有在有效期内的低压带电作业资质证书。

（3）工作负责人应事先组织相关人员完成现场勘察，根据勘察结果做出能否进行不停电作业的判断，并确定作业方法及应采取的安全技术措施，确定本次作业方法和所需工器具，并办理带电作业工作票。

（4）作业现场应该确认道路是否满足施工要求，能否停放低压0.4 kV综合抢修车（可升降）。

（5）作业现场应合理设置围栏，并妥当布置警示标示牌，禁止非工作人员入内。

3. 准备工作

1）危险点及其预控措施

（1）危险点——触电伤害。

预控措施：

①工作中，工作负责人应履行监护职责，不得兼作其他工作，要选择便于监护的位置，监护的范围不得超过一个作业点。

②工作前做好验电工作，防止已断开的引线因感应电对人体造成伤害。

③作业人员如果未按规定对作业范围内的带电体和接地体等所有设备进行绝缘遮蔽或遮蔽不严密，容易造成触电伤害。

④带电作业人员必须穿戴防电弧服装（其防电弧能力不小于8 cal/cm^2），断、接分支线路引线必须戴绝缘手套。保持人体与邻相带电体及接地体的安全距离。

（2）危险点——设备损坏。

预控措施：

①必须检查低压接户线（集束电缆、普通低压电缆、铝塑线）载流情况，否则容易造成带负荷断引。

②带电断引线应严格按照“先相线、后零线”的顺序。先断电源侧，后断负荷侧。防止出现顺序错误。

③旁路作业设备连接过程中，必须核对相色标记，确认每相连接正确。低压临时电

源接入前应确认两侧相序一致。

(3)危险点——现场管理混乱造成人身或设备事故。

预控措施：

①每项工作开始前结束后，每组工作完成小组负责人应向现场总工作负责人汇报。

②高处作业现场应有专人负责指挥施工，多班组作业时应做好现场的组织、协调工作。作业人员应听从工作负责人指挥。

③严格按照带电作业工作票进行操作。

④作业现场设置围栏并挂好警示标示牌。监护人员应随时注意，禁止非工作人员及车辆进入作业区域。

2)工器具及材料选择

0.4 kV 带电断、接分支线路引线所需工器具及材料见表 3-17。工器具出库前，应认真核对工器具的使用电压等级和试验周期，并检查确认外观良好、连接牢固、转动灵活，且符合本次工作任务的要求；工器具出库后，应存放在工具袋或工具箱内进行运输，防止脏污、受潮；金属工具和绝缘工器具应分开装运，防止因混装运输导致工器具变形、损伤等现象发生。

表 3-17 0.4 kV 带电断、接分支线路引线所需工器具及材料

序号	工器具名称		规格、型号	单位	数量	说明
1	作业车辆	0.4 kV 综合抢修车（可升降）		辆	1	10 kV 绝缘斗臂车、绝缘梯、绝缘平台可替代
		脚扣		双	1	
2	个人防护用具	防电弧服	8 cal/cm^2	套	1	室外作业防电弧能力不小于 6.8 cal/cm^2；配电柜等封闭空间作业不小于 25.6 cal/cm^2
3		护目镜		副	1	
4		绝缘鞋	5 kV	双	1	
5		双控背带式安全带		副	1	
6		绝缘手套	1 kV	副	1	
7		防护手套		副	1	
8		安全帽		顶	3	

续表 3-17

序号	工器具名称		规格、型号	单位	数量	说明
9	绝缘遮蔽用具	绝缘塑料自动夹紧滑套	1 kV	个	3	
10		绝缘毯	1 kV	个	3	
11		绝缘毯夹		个	5	
12	绝缘操作工具	绝缘柄断线钳	1 kV	个	1	
13		个人手工绝缘工具	1 kV	套	1	
14	辅助工具	对讲机		个	3	
15		防潮垫或苫布		块	2	
16		安全警示带(牌)		套	5	
17		绝缘传递绳		条	2	
18	仪器仪表	钳形电流表(带绝缘柄)		只	1	
19		温湿度仪		块	1	
20		风速仪		块	1	
21		低压验电器	0.4 kV	只	1	
22		万用表		只	1	

3)作业人员分工

本任务作业人员分工如表 3-18 所示。

表 3-18　0.4 kV 带电断、接分支线路引线工作人员分工

序号	工作岗位	数量(人)	工作职责
1	工作负责人	1	负责本次工作任务的人员分工、工作票的宣读、办理工作许可手续、召开工作班前会、工作中突发情况的处理、工作质量的监督、工作后的总结
2	斗内电工	3	负责带电断、接分支线路引线(空载)
3	地面电工	2	负责现场布置、传递工器具等

4. 工作流程

本任务工作流程如表 3-19 所示。

表 3-19　0.4 kV 带电断、接分支线路引线工作流程

序号	作业内容	作业步骤及标准	安全措施及注意事项	责任人
1	现场复勘	工作负责人负责完成以下工作： (1)现场核对0.4 kV线路电杆名称及编号，确认电杆、拉线基础完好，拉线无腐蚀情况，线路设备及周围环境满足作业条件。 (2)确认0.4 kV综合抢修车(可升降)满足作业条件。 (3)检测风速、湿度等现场气象条件符合作业要求。 (4)检查地形环境是否满足0.4 kV综合抢修车(可升降)安置条件。 (5)检查带电作业工作票所列安全措施与现场实际情况是否相符，必要时予以补充	(1)正确穿戴安全帽、工作服、工作鞋、劳保手套。 (2)0.4 kV线路双重名称核对无误。 (3)查看0.4 kV综合抢修车(可升降)是否满足作业条件。 (4)不得在危及作业人员安全的气象条件下作业。 (5)0.4 kV综合抢修车(可升降)停放地面坚实、平整。 (6)严禁非工作人员、车辆进入作业现场	
2	工作许可	(1)工作负责人向设备运行单位申请许可工作。 (2)经值班调控人员许可后，方可开始带电作业工作	(1)汇报内容为工作负责人姓名、工作地点、工作任务和计划工作时间。 (2)不得未经值班调控人员许可即开始工作	
3	现场布置	正确装设安全围栏并悬挂标示牌： (1)安全围栏范围应充分考虑高处坠物，以及对道路交通的影响。 (2)安全围栏出入口设置合理。 (3)妥当布置“从此进出”“在此工作”等标示。 (4)作业人员将工器具和材料放在清洁、干燥的防潮苫布上。 (5)0.4 kV综合抢修车(可升降)正确停放在作业位置	(1)对道路交通安全影响不可控时，应及时联系交通管理部门强化现场交通安全管控。 (2)工器具应分类摆放。 (3)绝缘工器具不能与金属工具、材料混放。 (4)0.4 kV综合抢修车(可升降)停放位置应避开附近电力线路和障碍物	

续表 3-19

序号	作业内容	作业步骤及标准	安全措施及注意事项	责任人
4	召开班前会	(1)全体工作成员列队。 (2)工作负责人宣读工作票,明确工作任务及人员分工;讲解工作中的安全措施和技术措施;查(问)全体工作成员的精神状态;告知工作中存在的危险点及采取的预控措施。 (3)全体工作成员在带电作业工作票上签名确认	(1)工作票填写、签发和许可手续规范,签名完整。 (2)全体工作成员精神状态良好。 (3)全体工作成员明确任务分工、安全措施和技术措施	
5	检查绝缘工器具及个人防护用品	(1)对绝缘工具、防护用具外观和试验合格证进行检查,并检测其绝缘性能。 (2)作业人员穿戴个人安全防护用品	(1)金属、绝缘工具使用前,应仔细检查其是否损坏、变形、失灵。绝缘工具应使用2 500 V及以上绝缘电阻表进行分段绝缘检测,阻值应不低于700 MΩ,并在试验周期内,用清洁干燥的毛巾将其擦拭干净。 (2)对脚扣、双控背带式安全带进行外观检查,并做冲击试验	
6	验电、检测电流	(1)作业人员到达作业位置首先进行验电。 (2)作业人员检测电流,确认待接分支线(集束电缆、普通低压电缆、铝塑线)路无负荷	(1)作业人员到达作业位置,在登高过程中不得失去安全带保护。 (2)验电时作业人员应与邻近带电设备保持足够的安全距离。 (3)验电应按照先带电体后接地体顺序进行,确认线路外绝缘良好可靠,无漏电情况。 (4)验电时,作业人员身体各部位应与其他带电设备保持足够的安全距离。 (5)检测电流时,确认待接分支线(集束电缆、普通低压电缆、铝塑线)负荷侧开关、刀闸处于断开状态,并对待接引线验明无电流、电压后方可开始断引线	

续表 3-19

序号	作业内容	作业步骤及标准	安全措施及注意事项	责任人
7	绝缘遮蔽	作业人员对作业范围内的所有带电体和接地体进行绝缘遮蔽	(1)在接近带电体过程中,应使用验电器从下方依次验电。 (2)对带电体设置绝缘遮蔽时,按照从近到远的原则,从离身体最近的带电体依次设置;对上下多回分布的带电导线设置遮蔽用具时,应按照从下到上的原则,从下层导线开始依次向上层设置;对导线、绝缘子、横担的设置次序是按照从带电体到接地体的原则,先放导线遮蔽罩,再放绝缘子遮蔽罩,然后对横担进行遮蔽。 (3)使用绝缘毯时应用绝缘夹夹紧,防止脱落	
8	确认线路状态	(1)确认分支线(集束电缆、普通低压电缆、铝塑线)引线电气回路处于空载隔离状态。 (2)确认分支线(集束电缆、普通低压电缆、铝塑线)引线的零线、相线	(1)使用钳形电流表逐相验明相线、零线确无电流。 (2)使用万用表,通过多次点测不同相与相间电压,明确相线与零线	
9	断引	(1)断分支线引线: 按照“先相线、后零线”的顺序,先拆除分支线(集束电缆、普通低压电缆、铝塑线)相线的引线。 (2)断零线	(1)断线前用绝缘锁杆固定引线,防止引线摆动。 (2)将断开引线的金属裸露部分用绝缘塑料自动夹紧滑套进行绝缘保护。 (3)由近及远逐相拆除分支线(集束电缆、普通低压电缆、铝塑线)相线,最后拆除零线的引线	

续表 3-19

序号	作业内容	作业步骤及标准	安全措施及注意事项	责任人
10	接引	作业人员搭接分支线(集束电缆、普通低压电缆、铝塑线)的引线	(1)安装低压分支线(集束电缆、普通低压电缆、铝塑线)的抱箍,并收紧引线至合适位置。 (2)将引线金属裸露部分采用绝缘塑料自动夹紧滑套进行绝缘保护后,整理引线。 (3)剥除主线与引线绝缘外皮,先搭接分支线(集束电缆、普通低压电缆、铝塑线)零线的引线,再由远至近依次搭接相线(火线)引线。 (4)分支线(集束电缆、普通低压电缆、铝塑线)引线每相接引点依次相距0.2 m	
11	拆除遮蔽	作业人员拆除作业范围内的所有带电体和接地体的绝缘遮蔽	按照"由远至近""从上到下""从接地体到带电体"的顺序依次拆除绝缘遮蔽	
12	工作结束	(1)工作负责人组织班组成员清理现场。 (2)召开班后会,工作负责人做工作总结和点评工作。 (3)评估本项工作的施工质量。 (4)点评班组成员在作业中的安全措施的落实情况。 (5)点评班组成员对规程规范的执行情况 (6)办理工作终结手续:工作负责人向调度汇报工作结束,并终结带电作业工作票	(1)将工器具清洁后放入专用的箱(袋)中。 (2)清理现场,做到工完料尽场地清 (3)带电作业工作票终结手续正确、规范	

二、考核标准

该模块的 0.4 kV 带电断、接分支线路引线技能培训考核评分表、评分细则见表 3-20、表 3-21。

表 3-20 0.4 kV 带电断、接分支线路引线技能培训考核评分表

<table>
<tr><td>考生
填写栏</td><td colspan="7">编号： 姓　名： 所在岗位： 单　位： 日　期： 年　月　日</td></tr>
<tr><td>考评员
填写栏</td><td colspan="7">成绩： 考评员： 考评组长： 开始时间： 结束时间： 操作时长：</td></tr>
<tr><td>考核模块</td><td>带电断、接分支线路引线</td><td>考核
对象</td><td>0.4 kV 配网不停电作业人员</td><td>考核
方式</td><td>操作</td><td>考核
时限</td><td>90 min</td></tr>
<tr><td>任务描述</td><td colspan="7">绝缘手套法 0.4 kV 带电断、接分支线路引线</td></tr>
<tr><td>工作
规范
及要求</td><td colspan="7">1. 带电作业工作应在良好天气下进行。如遇雷、雨、雪、雾天气不得进行带电作业。风力大于 5 级、湿度大于 80%时，一般不宜进行带电作业。
2. 本项作业需工作负责人 1 名，斗内作业人员 1 名、地面操作人员 1 名。
3. 工作负责人职责：负责本次工作任务的人员分工、工作票的宣读、办理线路停用重合闸、办理工作许可手续、召开工作班前会、工作中突发情况的处理、工作质量的监督、工作后的总结。
4. 斗内作业人员职责：负责带电断、接分支引线（空载）。
5. 地面操作人员职责：负责现场布置、传递工器具等。
6. 在带电作业中，如遇雷、雨、大风或其他任何情况威胁到工作人员的安全时，工作负责人或监护人可根据情况，临时停止工作。
给定条件：
1. 培训基地：0.4 kV 低压线路。
2. 带电作业工作票已办理，安全措施已经完备，工作开始、工作终结时应口头提出申请（调度或考评员）。
3. 低压 0.4 kV 综合抢修车（可升降）、绝缘工器具和个人防护用具等。
必须按工作程序进行操作，工序错误扣除应做项目分值，出现重大人身、器材和操作安全隐患，考评员可下令终止操作（考核）</td></tr>
<tr><td>考核
情景
准备</td><td colspan="7">1. 线路：0.4 kV 低压配电线路，工作内容：绝缘手套法 0.4 kV 带电断、接分支线路引线。
2. 所需作业工器具：低压 0.4 kV 综合抢修车、个人防护用具、绝缘工器具、个人工器具。
3. 作业现场做好监护工作，作业现场安全措施（围栏等）已全部落实；禁止非作业人员进入现场，工作人员进入作业现场必须戴安全帽。
4. 考生自备工作服，阻燃纯棉内衣，安全帽，线手套</td></tr>
</table>

注：1. 出现重大人身、器材和操作安全隐患，考评员可下令终止操作。

2. 设备、作业环境、安全帽、工器具、绝缘工具和旁路设备等不符合作业条件，考评员可下令终止操作。

表 3-21　0.4 kV 带电断、接分支线路引线作业技能培训考核评分细则

序号	项目名称	质量要求	分值	扣分标准	扣分原因	扣分	得分
1	现场复勘	(1)工作负责人到作业现场核对 0.4 kV 线路电杆名称及编号,确认电杆、拉线基础完好,拉线无腐蚀情况,线路设备及周围环境满足作业条件。 (2)确认 0.4 kV 综合抢修车(可升降)满足作业条件。 (3)检测风速、湿度等现场气象条件是否符合作业要求。 (4)检查地形环境是否满足 0.4 kV 综合抢修车(可升降)安置条件。 (5)检查带电作业工作票所列安全措施与现场实际情况是否相符,必要时予以补充	8	(1)未进行核对双重称号扣 1 分。 (2)未核实现场工作条件(气象)、缺陷部位扣 1 分。 (3)未检查 0.4 kV 综合抢修车(可升降)扣 2 分。 (4)未检查 0.4 kV 综合抢修车(可升降)作业环境扣 1 分。 (5)工作票填写出现涂改,每项扣 0.5 分,工作票编号有误,扣 1 分。工作票填写不完整,扣 1.5 分			
2	工作许可	(1)工作负责人向设备运行单位申请许可工作。 (2)经值班调控人员许可后,方可开始带电作业工作	2	(1)未联系运行部门(裁判)申请工作扣 2 分。 (2)汇报专业用语不规范或不完整各扣 0.5 分			
3	现场布置	正确装设安全围栏并悬挂警示牌: (1)安全围栏范围应充分考虑高处坠物,以及对道路交通的影响,安全围栏出入口设置合理。 (2)妥当布置“从此进出”“在此工作”等标示。 (3)作业人员将工器具和材料放在清洁、干燥的防潮苫布上。 (4)0.4 kV 综合抢修车(可升降)正确停放在作业位置	5	(1)作业现场未装设围栏扣 0.5 分。 (2)未设立警示牌扣 0.5 分。 (3)工器具未分类摆放扣 2 分。 (4)0.4 kV 综合抢修车(可升降)位置摆放不正确扣 1 分			

续表 3-21

序号	项目名称	质量要求	分值	扣分标准	扣分原因	扣分	得分
4	召开班前会	(1)全体工作成员正确佩戴安全帽、穿工作服。 (2)工作负责人穿红色背心,宣读工作票,明确工作任务及人员分工;讲解工作中的安全措施和技术措施;查(问)全体工作成员精神状态;告知工作中存在的危险点及采取的预控措施。 (3)全体工作成员在工作票上签名确认	5	(1)工作人员着装不整齐每人次扣0.5分。 (2)未进行分工本项不得分,分工不明扣1分。 (3)现场工作负责人未穿安全监护背心扣0.5分。 (4)工作票上工作班成员未签字或签字不全扣1分			
5	工器具检查	(1)工作人员按要求将工器具放在防潮苫布上;防潮苫布应清洁、干燥。 (2)工器具应按定置管理要求分类摆放;绝缘工器具不能与金属工具、材料混放;对工器具进行外观检查。 (3)绝缘工具表面不应磨损、变形损坏,操作应灵活。绝缘工具应使用2 500 V及以上绝缘电阻表进行分段绝缘检测,阻值应不低于700 MΩ,并用清洁干燥的毛巾将其擦拭干净。 (4)作业人员正确穿戴个人安全防护用品,工作负责人应认真检查是否穿戴正确。 (5)对脚扣、双控背带式安全带进行外观检查,并做冲击试验	10	(1)未使用防潮苫布并定置摆放工器具扣1分。 (2)未检查工器具试验合格标签及外观每项扣0.5分。 (3)未正确使用检测仪器对工器具进行检测每项扣1分。 (4)作业人员未正确穿戴安全防护用品,每人次扣2分。 (5)未对脚扣、双控背带式安全带进行外观检查,并做冲击试验,每项扣1分			

续表 3-21

序号	项目名称	质量要求	分值	扣分标准	扣分原因	扣分	得分
6	验电、检测电流	（1）作业人员到达作业位置，在登高过程中不得失去安全带保护。 （2）验电时作业人员应与邻近带电设备保持足够的安全距离。 （3）验电应按照先带电体后接地体的顺序进行，确认线路外绝缘良好可靠，无漏电情况。 （4）验电时，作业人员身体各部位应与其他带电设备保持足够的安全距离。 （5）检测电流时，确认待接分支线（集束电缆、普通低压电缆、铝塑线）负荷侧开关、刀闸处于断开状态，并对待接引线验明无电流、电压后方可开始断引线	15	（1）作业人员到达作业位置，在登高过程中失去安全带保护扣 5 分。 （2）验电时作业人员与邻近带电设备未保持足够的安全距离每次扣 1 分。 （3）验电顺序错误扣 5 分。 （4）检测电流时，未确认待接分支线（集束电缆、普通低压电缆、铝塑线）负荷侧开关、刀闸处于断开状态，扣 5 分			
7	绝缘遮蔽	（1）对带电体设置绝缘遮蔽时，按照从近到远的原则，从离身体最近的带电体依次设置；对上下多回分布的带电导线设置遮蔽用具时，应按照从下到上的原则，从下层导线开始依次向上层设置；对导线、绝缘子、横担的设置次序是按照从带电体到接地体的原则，先放导线遮蔽罩，再放绝缘子遮蔽罩，然后对横担进行遮蔽。 （2）使用绝缘毯时应用绝缘夹夹紧，防止脱落	5	（1）绝缘遮蔽顺序错误，扣 5 分。 （2）绝缘遮蔽不够紧实，扣 2 分			

续表 3-21

序号	项目名称	质量要求	分值	扣分标准	扣分原因	扣分	得分
8	确认线路状态	(1)使用钳形电流表逐相验明相线、零线确无电流。 (2)使用万用表,通过多次点测不同相与相间电压,明确相线与零线	5	(1)未确认分支线(集束电缆、普通低压电缆、铝塑线)引线电气回路处于空载隔离状态,扣3分。 (2)未确认分支线(集束电缆、普通低压电缆、铝塑线)引线的零线、相线,每相扣2分			
9	断引	(1)断线前用绝缘锁杆固定引线,防止引线摆动。 (2)将断开引线的金属裸露部分用绝缘塑料自动夹紧滑套进行绝缘保护。 (3)由近及远逐相拆除分支线(集束电缆、普通低压电缆、铝塑线)相线,最后拆除零线的引线	15	(1)断线前未用绝缘锁杆固定引线,扣1分。 (2)未将断开引线的金属裸露部分用绝缘塑料自动夹紧滑套进行绝缘保护,扣3分。 (3)断进户线引线顺序错误,扣5分			
10	接引	(1)安装低压分支线(集束电缆、普通低压电缆、铝塑线)的抱箍,并收紧引线至合适位置。 (2)将引线金属裸露部分采用绝缘塑料自动夹紧滑套进行绝缘保护后,整理引线。 (3)剥除主线与引线绝缘外皮,先搭接分支线(集束电缆、普通低压电缆、铝塑线)零线的引线,再由远至近依次搭接相线(火线)引线。 (4)分支线(集束电缆、普通低压电缆、铝塑线)引线每相接引点依次相距0.2 m	15	(1)未将断开引线的金属裸露部分用绝缘塑料自动夹紧滑套进行绝缘保护,扣3分。 (2)搭接分支线顺序错误扣5分。 (3)分支线(集束电缆、普通低压电缆、铝塑线)引线每相接引点依次相距不足0.2 m扣2分			

续表 3-21

序号	项目名称	质量要求	分值	扣分标准	扣分原因	扣分	得分
11	拆除遮蔽	按照“由远至近”“从上到下”“从接地体到带电体”的顺序依次拆除绝缘遮蔽	5	拆除遮蔽顺序错误扣5分			
12	工作结束	(1)工作负责人组织班组成员清理现场。 (2)召开班后会，工作负责人做工作总结和点评工作。 (3)评估本项工作的施工质量。 (4)点评班组成员在作业中的安全措施的落实情况。 (5)点评班组成员对规程规范的执行情况。 (6)办理带电作业工作票终结手续	10	(1)工器具未清理扣2分。 (2)工器具有遗漏扣2分。 (3)未开班后会扣2分。 (4)未拆除围栏扣2分。 (5)未办理带电作业工作票终结手续扣2分			
合计			100				

第四节 0.4 kV 带负荷处理线夹发热

一、培训标准

（一）培训要求

0.4 kV 带负荷处理线夹发热培训要求见表 3-22。

表 3-22 0.4 kV 带负荷处理线夹发热培训要求

名称	0.4 kV 带负荷处理线夹发热	培训类别	操作类
培训方式	实操培训	培训学时	11 学时
培训目标	1. 熟悉 0.4 kV 带负荷处理线夹发热操作流程。 2. 能完成 0.4 kV 带负荷处理线夹发热操作		
培训场地	0.4 kV 低压带电作业实训线路		
培训内容	在 0.4 kV 线路，完成带负荷处理线夹发热操作		
适用范围	0.4 kV 带负荷处理线夹发热工作		

（二）引用规程规范

《配电线路带电作业技术导则》（GB/T 18857—2019）；

《交流 1 kV、直流 1.5 kV 及以下带电作业用手工通用技术条件》（GB/T 18269—2008）；

《10 kV 配网不停电作业规范》（Q/GDW 10520—2016）；

《配网设备缺陷分类标准》（Q/GDW 745—2012）；

《配网抢修规程》（Q/GDW 11261—2014）；

《国家电网公司电力安全工作规程（配电部分）（试行）》（国家电网安质〔2014〕265 号）。

（三）培训教学设计

本项目以完成“0.4 kV 带负荷处理线夹发热”为工作任务，按工作任务的标准化作业流程来设计各个培训阶段，每个阶段包括具体的培训目标、培训内容、培训学时、培训方法（培训资源）、培训环境和考核评价等内容，如表 3-23 所示。

（四）作业流程

1. 工作任务

在 0.4 kV 低压线路，带负荷完成处理线夹发热操作。

2. 天气及作业现场要求

（1）0.4 kV 低压线路带负荷处理线夹发热作业应在良好的天气进行。

表 3-23　0.4 kV 带负荷处理线夹发热培训内容设计

培训流程	培训目标	培训内容	培训学时	培训方法与资源	培训环境	考核评价
1. 理论教学	1. 熟悉带负荷处理线夹发热工器具及材料检查方法。 2. 在 0.4 kV 线路，掌握带负荷处理线夹发热方法。 3. 掌握发热线夹降温的方法	1. 正确检查本项目所涉及的车辆、个人防护用具、绝缘操作用具、旁路作业设备、个人工具和材料。 2. 在 0.4 kV 低压线路，完成带负荷处理线夹发热操作	2	培训方法：讲授法。 培训资源：PPT、相关规程规范	多媒体教室	考勤、课堂提问和作业
2. 准备工作	能完成作业前准备工作	1. 作业现场查勘。 2. 编制培训标准化作业卡。 3. 填写培训带电作业工作票。 4. 完成本操作的工器具及材料准备	1	培训方法： 1. 现场查勘和工器具及材料清理采用现场实操方法。 2. 编写作业卡和填写工作票采用讲授方法。 培训资源： 1. 0.4 kV 带电作业实训线路； 2. 0.4 kV 带电作业工器具库房； 3. 低压带电作业车； 4. 空白工作票	1. 0.4 kV 带电作业实训线路； 2. 多媒体教室	
3. 作业现场准备	能完成作业现场准备工作	1. 作业现场复勘。 2. 工作申请。 3. 作业现场布置。 4. 班前会。 5. 工器具及材料检查	1	培训方法： 演示与角色扮演法。 培训资源： 1. 0.4 kV 低压带电作业实训线路。 2. 低压带电作业车。 3. 工器具及材料	0.4 kV 带电作业实训线路	

续表 3-23

培训流程	培训目标	培训内容	培训学时	培训方法与资源	培训环境	考核评价
4. 培训师演示	通过现场观摩，使学员初步领会本任务操作流程	1. 斗内电工进入绝缘斗臂车。 2. 操作绝缘斗到工作位置。 3. 验电。 4. 检测引线电流。 5. 设置绝缘隔离措施。 6. 安装旁路引流线。 7. 检测旁路引流线的通流情况。 8. 线夹降温。 9. 测量线夹温度。 10. 更换线夹。 11. 检查导线通流情况。 12. 拆除旁路引流线。 13. 拆除绝缘隔离措施	1	培训方法： 演示法。 培训资源： 0.4 kV 带电作业实训线路	0.4 kV 带电作业实训线路	
5. 学员分组训练	1. 能完成在发热线夹搭接旁路系统。 2. 能完成带负荷处理发热线夹操作	1. 学员分组（10 人一组）训练 0.4 kV 低压线路处理发热线夹的技能操作。 2. 培训师对学员操作进行指导和安全监护	5	培训方法： 角色扮演法。 培训资源： 1. 0.4 kV 带电作业实训线路。 2. 发电车。 3. 工器具和材料	0.4 kV 带电作业实训线路	采用技能考核评分细则对学员操作评分
6. 工作终结	1. 使学员进一步辨析操作过程不足之处，便于后期提升。 2. 培训学员安全文明生产的工作作风	1. 作业现场清理。 2. 向调度汇报工作。 3. 班后会，对本次工作任务进行点评总结	1	培训方法： 讲授和归纳法	作业现场	

如遇雷电(听见雷声、看见闪电)、雪、雹、雨、雾等,禁止进行带电作业。风力大于5级,或空气相对湿度大于80%时,不宜进行带电作业;恶劣天气下必须开展带电抢修时,应组织有关人员充分讨论并编制必要的安全措施,经本单位批准后方可进行。

(2)作业人员精神状态良好,无妨碍作业的生理障碍和心理障碍。熟悉工作中保证安全的组织措施和技术措施;应持有在有效期内的低压带电作业资质证书。

(3)工作负责人应事先组织相关人员完成现场勘察,根据勘察结果做出能否进行不停电作业的判断,并确定作业方法及应采取的安全技术措施,确定本次作业方法和所需工器具,并办理带电作业工作票。

(4)作业现场应该确认道路是否满足施工要求,能否满足低压带电作业车通过。

(5)作业现场应合理设置围栏,并妥当布置警示标示牌,禁止非工作人员入内。

3. 准备工作

1)危险点及其预控措施

(1)危险点——触电伤害。

预控措施:

①工作中,工作负责人应履行监护职责,不得兼作其他工作,要选择便于监护的位置,监护的范围不得超过一个作业点。

②作业前,确定施工现场全部设备接地正确、接地良好,并进行全面检查。

③对操作时可能碰触到的带电部分要进行绝缘遮蔽。遮蔽时,作业人员要注意动作幅度不要太大,避免接触带电体形成回路。

④遮蔽要完整规范,遮蔽重叠部分不小于150 mm。

(2)危险点——设备损坏。

预控措施:

①线路中的电流不得大于绝缘引流线的工作电流。

②绝缘引流线通流正常后,才能更换发热线夹。

③线夹更换完毕,检查线路通流正常后,才能拆除绝缘引流线。

(3)危险点——现场管理混乱造成人身或设备事故。

预控措施:

①每项工作开始前、结束后,每组工作完成小组负责人应向现场总工作负责人汇报。

②旁路作业现场应有专人负责指挥施工,多班组作业时应做好现场的组织、协调工作。作业人员应听从工作负责人指挥。

③严格按照倒闸操作票进行操作,并执行唱票制。

④作业现场设置围栏并挂好警示标示牌。监护人员应随时注意,禁止非工作人员及车辆进入作业区域。

2）工器具及材料选择

0.4 kV 低压线路带负荷处理线夹发热所需工器具及材料见表 3-24。工器具出库前，应认真核对工器具的使用电压等级和试验周期，并检查确认外观良好、连接牢固、转动灵活，且符合本次工作任务的要求；工器具出库后，应存放在工具袋或工具箱内进行运输，防止脏污、受潮；金属工具和绝缘工器具应分开装运，防止因混装运输导致工器具变形、损伤等现象发生。

表 3-24　0.4 kV 低压线路带负荷处理线夹发热所需工器具及材料

序号	工器具名称		规格、型号	单位	数量	说明
1	车辆	低压带电作业车		辆	1	
2	个人防护用具	绝缘手套	0.4 kV	副	1	
3		防穿刺手套		双	1	
4		安全帽		顶	9	
5		绝缘鞋		双	9	
6		双控背带式安全带		件	1	（如需要）
7		个人电弧防护用品		套	1	室外作业防电弧能力不小于 6.8 cal/cm^2；配电柜等封闭空间作业不小于 25.6 cal/cm^2
8	绝缘工器具	绝缘旁路引流线	400 A，6 m	根	1	
9		绝缘绳套	ϕ 12 mm	个	1	
10		双头锁杆	1 kV	根	1	
11	个人工器具	绝缘扳手		把	1	
12		活络扳手		把	1	
13		个人手工工具		套	1	
14		绝缘电阻表	500 V	台	1	
15		验电器	0.4 kV	只	1	
16		相序表	0.4 kV	个	1	
17		围栏、安全警示牌等			若干	根据现场实际情况确定
18	材料	并沟线夹	LGJ-185	个	2	
19		钢丝刷		把	1	
20		电力复合脂		盒	1	

3）作业人员分工

本任务作业人员分工如表 3-25 所示。

表 3-25　0.4 kV 低压线路带负荷处理线夹发热工作人员分工

序号	工作岗位	数量(人)	工作职责
1	工作负责人	1	负责本次工作任务的人员分工、工作票的宣读、办理工作许可手续、召开工作班前会、工作中突发情况的处理、工作质量的监督、工作后的总结
2	专责监护人	1	负责监护作业人员安全
3	操作电工	1	负责安装作业
4	地面电工	1	负责地面辅助工作

4. 工作流程

本任务工作流程如表 3-26 所示。

表 3-26　0.4 kV 低压线路带负荷处理线夹发热工作流程

序号	作业内容	作业步骤及标准	安全措施及注意事项	责任人
1	现场复勘	工作负责人负责完成以下工作： (1)现场核对 0.4 kV 低压线路名称及编号，确认柜体无漏电现象，现场是否满足作业条件。 (2)检测风速、湿度等现场气象条件是否符合作业要求。 (3)检查带电作业工作票所列安全措施与现场实际情况是否相符，必要时予以补充。 (4)测量发热线夹的温度	(1)正确穿戴安全帽、工作服、工作鞋、劳保手套。 (2)0.4 kV 低压线路双重名称核对无误。 (3)不得在危及作业人员安全的气象条件下作业。 (4)严禁非工作人员、车辆进入作业现场。 (5)线夹温度应在 75~90 ℃	
2	工作许可	(1)工作负责人向设备运行单位申请许可工作。 (2)经值班调控人员许可后，方可开始带电作业工作	(1)汇报内容为工作负责人姓名、工作地点、工作任务和计划工作时间。 (2)不得未经值班调控人员许可即开始工作	
3	现场布置	正确装设安全围栏并悬挂标示牌： (1)安全围栏范围应充分考虑高处坠物，以及对道路交通的影响。 (2)安全围栏出入口设置合理。 (3)妥当布置“从此进出”“在此工作”等标示。 (4)作业人员将工器具和材料放在清洁、干燥的防潮苫布上。 (5)停放带电作业车。低压带电作业车操作人员支放带电作业车支腿。支腿应全部伸出，整车支腿受力，车体安放平稳	(1)对道路交通安全影响不可控时，应及时联系交通管理部门强化现场交通安全管控。 (2)工器具应分类摆放。 (3)绝缘工器具不能与金属工具、材料混放。 (4)低压带电作业车车身应水平，如果是在软土地面，支腿下应放垫块或枕木。 (5)低压带电作业车应摆放在适当位置，保证绝缘斗在保证有效绝缘长度的前提下能进入工作位置	

续表 3-26

序号	作业内容	作业步骤及标准	安全措施及注意事项	责任人
4	召开班前会	(1)全体工作成员列队。 (2)工作负责人宣读工作票,明确工作任务及人员分工;讲解工作中的安全措施和技术措施;查(问)全体工作成员精神状态;告知工作中存在的危险点及采取的预控措施。 (3)全体工作成员在带电作业工作票上签名确认	(1)工作票填写、签发和许可手续规范,签名完整。 (2)全体工作成员精神状态良好。 (3)全体工作成员明确任务分工、安全措施和技术措施	
5	检查绝缘工器具、个人防护用品及材料	(1)对绝缘工具、防护用具外观和试验合格证进行检查,并检测其绝缘性能。 (2)作业人员穿戴个人安全防护用品。 (3)检查绝缘引流线,绝缘外皮应无明显磨损或破损情况,线夹应操作灵活。 (4)清除绝缘引流线线夹内的氧化物。 (5)低压带电作业车绝缘斗应清洁,无裂纹损伤。 (6)空斗试操作低压带电作业车,要有回转、升降、伸缩的过程,确认液压、机械、电气系统正常可靠、制动装置可靠	(1)金属、绝缘工具使用前,应仔细检查其是否损坏、变形、失灵。绝缘工具应使用 2 500 V 及以上绝缘电阻表进行分段绝缘检测,阻值应不低于 700 MΩ,并在试验周期内,用清洁干燥的毛巾将其擦拭干净。 (2)作业人员穿戴全套个人安全防护用品(包括绝缘手套、防电弧服、鞋罩、头套等防护用品),防电弧能力应不低于 25.6 cal/cm^2。 (3)绝缘引流线应外观良好,允许电流应大于线路负荷电流。 (4)低压带电作业车外观良好,空斗试操作无误	
6	斗内电工进入绝缘斗臂车	(1)斗内电工穿戴好全套个人防护用具。 (2)斗内电工携带工器具进入绝缘斗。 (3)斗内电工将绝缘安全带挂在斗内专用挂钩上	(1)工作负责人要检查斗内电工绝缘防护用具,确保正确穿戴。 (2)工器具分类装入工具袋,工具的金属部分不得超出绝缘斗边缘。 (3)斗内电工体重及工器具之和不得超过绝缘斗的载荷	

续表 3-26

序号	作业内容	作业步骤及标准	安全措施及注意事项	责任人
7	操作绝缘斗到工作位置	经工作负责人许可后,斗内电工操作绝缘斗到达作业位置	(1)斗内电工全程不得失去安全带保护。 (2)匀速操作绝缘斗,全程注意不要撞到障碍物。 (3)斗内电工身体不得过度伸出绝缘斗,以免失去平衡	
8	验电	斗内电工对作业范围内的接地构件、绝缘子进行验电,确认无漏电现象	斗内电工要与带电体保持足够的安全距离,戴绝缘手套,由近及远验电	
9	检测引线电流	斗内电工用钳形电流表测试主线路引线的负荷电流,判断通流情况并报告工作负责人	(1)负荷电流要小于绝缘引流线的允许负荷。 (2)注意钳形电流表钳口不得碰触导线	
10	设置绝缘隔离措施	获得工作负责人许可后,斗内电工按照“从近到远”“从下到上”的顺序对作业中可能触及的带电体、接地体进行绝缘遮蔽	绝缘遮蔽措施应严密和牢固	
11	安装旁路引流线	(1)获得工作负责人许可后,斗内电工打开导线上的绝缘遮蔽,在需要处理的线夹两侧约 300 mm 处剥去导线的绝缘皮,安装绝缘引流线线夹; (2)恢复绝缘遮蔽	作业过程中严防人体串入电路	
12	检测旁路引流线的通流情况	斗内电工用钳形电流表检查导线和绝缘引流线的通流情况	注意钳形电流表钳口不得碰触导线	
13	线夹降温	给发热线夹降温。降温方式有两种:①自然降温。接上绝缘引流线后,线夹处导线负荷减小,线夹温度自然会下降。②物理降温。用喷壶装上纯净水,对发热线夹喷水降温	物理降温时,要注意水只能呈雾状喷出,不能呈柱状	
14	测量线夹温度	测量线夹温度小于 55 ℃	可靠测温,避免误测	

续表 3-26

序号	作业内容	作业步骤及标准	安全措施及注意事项	责任人
15	更换线夹	(1)拆除一只并沟线夹,并用双头锁杆锁牢两根引线。 (2)清除导体上的氧化层,涂刷电力脂后,安装新的并沟线夹。 (3)用同样的方法更换另一只并沟线夹	(1)先确认绝缘遮蔽严密牢固。 (2)作业过程中,要严防人体串入电路。 (3)一只并沟线夹更换完毕,确认安装牢固后再更换另一只并沟线夹,确保至少有一只并沟线夹在工作	
16	检查导线通流情况	用钳形电流表测量主线路、绝缘引流线电流,确认通流正常	注意钳形电流表钳口不得碰触导线	
17	拆除旁路引流线	(1)获得工作负责人许可后,斗内电工确认线夹安装无误后,拆除旁路绝缘引流线。 (2)恢复绝缘引流线安装位置的绝缘	注意防止绝缘引流线脱落	
18	拆除绝缘隔离措施	经工作负责人许可后,斗内电工按照"从远到近""从上到下"的顺序拆除绝缘遮蔽	拆除顺序与安装顺序相反	
19	斗内电工返回地面	获得工作负责人许可后,斗内电工操作低压带电作业车,匀速返回地面	注意躲避障碍物	
20	工作结束	(1)工作负责人组织班组成员清理现场。 (2)召开班后会,工作负责人做工作总结和点评工作。 (3)评估本项工作的施工质量。 (4)点评班组成员在作业中的安全措施的落实情况。 (5)点评班组成员对规程规范的执行情况 (6)办理工作终结手续:工作负责人向调度汇报工作结束,并终结带电作业工作票	(1)将工器具清洁后放入专用的箱(袋)中。 (2)清理现场,做到工完料尽场地清 (3)带电作业工作票终结手续正确、规范	

二、考核标准

该模块的 0.4 kV 带负荷处理线夹发热技能培训考核评分表、评分细则见表 3-27、表 3-28。

表 3-27　0.4 kV 带负荷处理线夹发热技能培训考核评分表

考生填写栏	编号：　姓名：　所在岗位：　单　位：　日　期：　年　月　日						
考评员填写栏	成绩：　考评员：　考评组长：　开始时间：　结束时间：　操作时长：						
考核模块	0.4 kV 带电处理线夹发热	考核对象	0.4 kV 配网不停电作业人员	考核方式	操作	考核时限	90 min
任务描述	在发电车和 0.4 kV 线路配电箱之间敷设旁路系统，完成对配电箱临时电源供电操作						
工作规范及要求	1. 带电作业工作应在良好天气下进行。如遇雷、雨、雪、雾天气不得进行带电作业。风力大于 5 级、湿度大于 80%时，一般不宜进行带电作业。 2. 本项作业需工作负责人 1 名，专责监护人 1 名、斗内电工 1 名，地面电工 1 名。 3. 工作负责人职责：负责本次工作任务的人员分工、工作票的宣读、办理线路停用重合闸、办理工作许可手续、召开工作班前会、工作中突发情况的处理、工作质量的监督、工作后的总结。 4. 斗内电工职责：负责搭接绝缘引流线，更换并沟线夹。 5. 在带电作业中，如遇雷、雨、大风或其他任何情况威胁到工作人员的安全时，工作负责人或监护人可根据情况，临时停止工作。 给定条件： 1. 培训基地：0.4 kV 低压线路。 2. 带电作业工作票已办理，安全措施已经完备，工作开始、工作终结时应口头提出申请（调度或考评员）。 3. 电流互感器、智能配电终端、端子排、微型空气开关、异型线夹、绝缘工器具和个人防护用具等。 必须按工作程序进行操作，工序错误扣除应做项目分值，出现重大人身、器材和操作安全隐患，考评员可下令终止操作（考核）						
考核情景准备	1. 设备：0.4 kV 低压线路，工作内容：带电处理线夹发热。 2. 所需作业工器具：并沟线夹、绝缘引流线、双头锁杆、个人工器具。 3. 作业现场做好监护工作，作业现场安全措施（围栏等）已全部落实；禁止非作业人员进入现场，工作人员进入作业现场必须戴安全帽。 4. 考生自备工作服，阻燃纯棉内衣，安全帽，线手套						

注：1. 出现重大人身、器材和操作安全隐患，考评员可下令终止操作。
2. 设备、作业环境、安全帽、工器具、绝缘工具和旁路设备等不符合作业条件，考评员可下令终止操作。

表 3-28　0.4 kV 带负荷处理线夹发热技能培训考核评分细则

序号	项目名称	质量要求	分值	扣分标准	扣分原因	扣分	得分
1	现场复勘	(1)工作负责人到作业现场核对 0.4 kV 线路名称及编号,确认柜体无漏电现象,现场是否满足作业条件。 (2)检测风速、湿度等现场气象条件是否符合作业要求。 (3)检查带电作业工作票是否填写完整,无涂改,检查所列安全措施与现场实际情况是否相符,必要时予以补充。 (4)测量拟更换线夹温度,确认为线夹发热,且温度在能处理的范围内	8	(1)未进行核对双重称号扣 1 分。 (2)未核实现场工作条件(气象)扣 1 分。 (3)未检查柜体漏电情况每处扣 2 分。 (4)工作票填写出现涂改,每项扣 1 分,工作票编号有误,扣 2 分。工作票填写不完整,扣 1.5 分。 (5)未测量温度,扣 4 分。 (6)判断能否更换错误或者未判断,扣 2 分			
2	工作许可	(1)工作负责人向设备运行单位申请许可工作。 (2)经值班调控人员许可后,方可开始带电作业工作	2	(1)未联系运行部门(裁判)申请工作扣 2 分。 (2)汇报专业用语不规范或不完整各扣 0.5 分			
3	现场布置	正确装设安全围栏并悬挂标示牌: (1)安全围栏范围应充分考虑工作需要,安全围栏出入口设置合理。 (2)妥当布置“从此进出”“在此工作”等标示。 (3)作业人员将工器具和材料放在清洁、干燥的防潮苫布上	3	(1)作业现场未装设围栏扣 1 分。 (2)未设立警示牌扣 1 分。 (3)工器具未分类摆放扣 2 分			
4	召开班前会	(1)全体人员正确佩戴安全帽、穿工作服。 (2)工作负责人穿红色背心,宣读工作票,明确工作任务及人员分工;讲解工作中的安全措施和技术措施;查(问)全体工作成员精神状态;告知工作中存在的危险点及采取的预控措施。 (3)全体工作成员在工作票上签名确认	5	(1)工作人员着装不整齐每人次扣 0.5 分。 (2)未进行分工本项不得分,分工不明扣 1 分。 (3)现场工作负责人未穿安全监护背心扣 0.5 分。 (4)工作票上工作班成员未签字或签字不全扣 1 分			

续表 3-28

序号	项目名称	质量要求	分值	扣分标准	扣分原因	扣分	得分
5	工器具检查	(1)工作人员按要求将工器具放在防潮苫布上;防潮苫布应清洁、干燥。 (2)工器具应按定置管理要求分类摆放;绝缘工器具不能与金属工具、材料混放;对工器具进行外观检查。 (3)绝缘工具表面不应磨损、变形损坏,操作应灵活。绝缘工具应使用 2 500 V 及以上绝缘电阻表进行分段绝缘检测,阻值应不低于 700 MΩ,并用清洁干燥的毛巾将其擦拭干净。 (4)作业人员正确穿戴个人安全防护用品,工作负责人应认真检查是否穿戴正确。 (5)检查绝缘引流线的外观,并检查线夹连接情况,清除线夹氧化层	8	(1)未使用防潮苫布并定置摆放工器具扣 1 分。 (2)未检查工器具试验合格标签及外观每项扣 0.5 分。 (3)未正确使用检测仪器对工器具进行检测每项扣 1 分。 (4)作业人员未正确穿戴安全防护用品,每人次扣 2 分。 (5)未对智能终端进行检查,每项扣 1 分。 (6)未清除线夹氧化层,扣 1 分			
6	斗内电工进入绝缘斗臂车	(1)斗内电工穿戴好全套个人防护用具。 (2)斗内电工携带工器具进入绝缘斗。 (3)斗内电工将绝缘安全带挂在斗内专用挂钩上	6	(1)未正确穿戴全套个人防护用具,扣 1 分。 (2)工器具伸出绝缘斗,扣 1 分。 (3)未挂安全带,扣 1 分			
7	操作绝缘斗到工作位置	经工作负责人许可后,斗内电工操作绝缘斗到达作业位置	3	(1)不能正确到达工作位置,扣 3 分。 (2)撞到横担导线等,扣 2 分			
8	验电	斗内电工对作业范围内的接地构件、绝缘子进行验电,确认无漏电现象	3	(1)未正确使用验电器,扣 2 分。 (2)漏检、误检一项,扣 1 分			

续表 3-28

序号	项目名称	质量要求	分值	扣分标准	扣分原因	扣分	得分
9	检测引线电流	斗内电工用钳形电流表测试主线路引线的负荷电流，判断通流情况并报告工作负责人	3	(1)未正确使用钳形电流表，扣2分。 (2)少测量1处，扣2分			
10	设置绝缘隔离措施	获得工作负责人许可后，斗内电工按照"从近到远、从下到上"的顺序对作业中可能触及的带电体、接地体进行绝缘遮蔽	9	(1)绝缘隔离错漏1处，扣3分。 (2)绝缘遮蔽措施不严密牢固，扣2分			
11	安装旁路引流线	(1)获得工作负责人许可后，斗内电工打开导线上的绝缘遮蔽，在需要处理的线夹两侧约300 mm处剥去导线的绝缘皮，安装绝缘引流线线夹。 (2)恢复绝缘遮蔽	3	(1)绝缘引流线安装位置错误，扣1分。 (2)绝缘引流线安装不牢固，扣1分。 (3)绝缘引流线安装完毕，未恢复绝缘遮蔽，扣1分			
12	检测旁路引流线的通流情况	斗内电工用钳形电流表检查导线和绝缘引流线的通流情况	3	(1)未正确使用钳形电流表，扣2分。 (2)少测量1处，扣2分			
13	线夹降温	给发热线夹降温。降温方式有两种：①自然降温。接上绝缘引流线后，线夹处导线负荷减小，线夹温度自然会下降。②物理降温。用喷壶装上纯净水，对发热线夹喷水降温	8	(1)未能正确降温，扣8分。 (2)喷水降温时，水不是雾状，扣3分			
14	测量线夹温度	测量线夹温度小于55 ℃	3	(1)未测量温度，扣3分。 (2)温度测量错误，扣1分			

续表 3-28

序号	项目名称	质量要求	分值	扣分标准	扣分原因	扣分	得分
15	更换线夹	(1)拆除一只并沟线夹,并用双头锁杆锁牢两根引线。 (2)清除导体上的氧化层,涂刷电力脂后,安装新的并沟线夹。 (3)用同样的方法更换另一只并沟线夹	10	(1)更换方式错误,扣 10 分。 (2)拆下并沟线夹后,未锁牢引线,每处扣 3 分。 (3)未清除氧化层,扣 1 分。 (4)未涂刷电力脂,扣 1 分。 (5)并沟线夹安装错误,每处扣 5 分			
16	检查导线通流情况	用钳形电流表测量主线路、绝缘引流线电流,确认通流正常	3	(1)未正确使用钳形电流表,扣 2 分。 (2)少测量 1 处,扣 2 分			
17	拆除旁路引流线	(1)获得工作负责人许可后,斗内电工确认线夹安装无误后,拆除旁路绝缘引流线。 (2)恢复绝缘引流线安装位置的绝缘	4	(1)拆除顺序错误 1 处,扣 2 分。 (2)拆除完毕,未恢复绝缘,每处扣 2 分			
18	拆除绝缘隔离措施,返回地面	按照从远到近,从上到下的顺序拆除绝缘遮蔽	6	(1)拆除顺序错误,扣 6 分。 (2)未经工作负责人许可,扣 2 分。 (3)发生坠物,每次扣 2 分			
19	工作结束	(1)工作负责人组织班组成员清理现场。 (2)召开班后会,工作负责人做工作总结和点评工作。 (3)评估本项工作的施工质量。 (4)点评班组成员在作业中的安全措施的落实情况。 (5)点评班组成员对规程规范的执行情况。 (6)办理带电作业工作票终结手续	10	(1)工器具未清理扣 2 分。 (2)工器具有遗漏扣 2 分。 (3)未开班后会扣 2 分。 (4)未拆除围栏扣 2 分。 (5)未办理带电作业工作票终结手续扣 2 分			
合计			100				

第五节 0.4 kV 带电更换直线杆绝缘子

一、培训标准

(一)培训要求

0.4 kV 带电更换直线杆绝缘子培训要求见表 3-29。

表 3-29 0.4 kV 带电更换直线杆绝缘子培训要求

名称	0.4 kV 带电更换直线杆绝缘子	培训类别	操作类
培训方式	实操培训	培训学时	11 学时
培训目标	1. 熟悉绝缘斗臂车的使用操作流程。 2. 能完成绝缘遮蔽操作,完成带电更换直线杆绝缘子的操作		
培训场地	0.4 kV 低压带电作业实训线路		
培训内容	在 0.4 kV 线路直线杆上完成对 0.4 kV 带电更换直线杆绝缘子的操作		
适用范围	0.4 kV 绝缘手套作业法带电更换直线杆绝缘子		

(二)引用规程规范

《配电线路带电作业技术导则》(GB/T 18857—2019);

《交流 1 kV、直流 1.5 kV 及以下带电作业用手工通用技术条件》(GB/T 18269—2008);

《10 kV 配网不停电作业规范》(Q/GDW 10520—2016);

《配网设备缺陷分类标准》(Q/GDW 745—2012);

《配网抢修规程》(Q/GDW 11261—2014);

《国家电网公司电力安全工作规程(配电部分)(试行)》(国家电网安质〔2014〕265 号)。

(三)培训教学设计

本项目以完成"0.4 kV 绝缘手套作业法带电更换直线杆绝缘子"为工作任务,按工作任务的标准化作业流程来设计各个培训阶段,每个阶段包括具体的培训目标、培训内容、培训学时、培训方法(培训资源)、培训环境和考核评价等内容,如表 3-30 所示。

(四)作业流程

1. 工作任务

在 0.4 kV 线路直线杆上完成对绝缘子的更换操作。

2. 天气及作业现场要求

(1)0.4 kV 绝缘手套带电更换直线杆绝缘子作业应在良好的天气进行。

如遇雷电(听见雷声、看见闪电)、雪、雹、雨、雾等,禁止进行带电作业。风力大于 5 级,或空气相对湿度大于 80%时,不宜进行带电作业; 恶劣天气下必须开展带电抢修时,

表 3-30　0.4 kV 线路带电更换直线杆绝缘子培训内容设计

培训流程	培训目标	培训内容	培训学时	培训方法与资源	培训环境	考核评价
1. 理论教学	1. 熟悉0.4 kV线路带电更换直线杆绝缘子工器具及材料检查方法。 2. 带电更换直线杆绝缘子操作流程	1. 正确检查本项目所涉及的车辆、个人防护用具、绝缘操作用具、个人工具和材料。 2. 绝缘斗臂车的摆位和绝缘子操作流程	2	培训方法：讲授法。 培训资源：PPT、相关规程规范	多媒体教室	考勤、课堂提问和作业
2. 准备工作	能完成作业前准备工作	1. 作业现场查勘。 2. 编制培训标准化作业卡。 3. 填写培训带电作业工作票。 4. 完成本操作的工器具及材料准备	1	培训方法： 1. 现场查勘和工器具及材料清理采用现场实操方法。 2. 编写作业卡和填写工作票采用讲授方法。 培训资源： 1. 0.4 kV 实训线路。 2. 0.4 kV 带电作业工器具库房。 3. 斗臂车。 4. 空白工作票	1. 0.4 kV 带电作业实训线路。 2. 多媒体教室	
3. 作业现场准备	能完成作业现场准备工作	1. 作业现场复勘。 2. 工作申请。 3. 作业现场布置。 4. 班前会。 5. 工器具及材料检查	1	培训方法： 演示与角色扮演法。 培训资源： 1. 0.4 kV 带电作业实训线路。 2. 斗臂车。 3. 工器具及材料	0.4 kV 带电作业实训线路	

续表 3-30

培训流程	培训目标	培训内容	培训学时	培训方法与资源	培训环境	考核评价
4. 培训师演示	通过现场观摩，使学员初步领会本任务的操作流程	1. 检查绝缘工器具。 2. 检查低压带电作业车。 3. 检验作业现场接地构件、绝缘子有无漏电现象，确认无漏电现象。 4. 对导线、绝缘子设置绝缘遮蔽。 5. 更换绝缘子。 6. 断开配电箱低压总开关。 7. 拆除绝缘遮蔽。 8. 返回地面	1	培训方法： 演示法。 培训资源： 0. 4 kV 带电作业实训线路	0. 4 kV 带电作业实训线路（含配电箱）	
5. 学员分组训练	1. 能完成斗臂车的基本操作。 2. 能完成对直线杆绝缘子的更换操作	1. 学员分组（10 人一组）训练直线杆绝缘子的更换技能操作。 2. 培训师对学员操作进行指导和安全监护	5	培训方法： 角色扮演法。 培训资源： 1. 0. 4 kV 实训线路。 2. 斗臂车。 3. 工器具和材料	0. 4 kV 带电作业实训线路	采用技能考核评分细则对学员操作评分
6. 工作终结	1. 使学员进一步辨析操作过程的不足之处，便于后期提升。 2. 培训学员安全文明生产的工作作风	1. 作业现场清理。 2. 向调度汇报工作。 3. 班后会，对本次工作任务进行点评总结	1	培训方法： 讲授和归纳法	作业现场	

应组织有关人员充分讨论并编制必要的安全措施，经本单位批准后方可进行。

(2)作业人员精神状态良好，无妨碍作业的生理障碍和心理障碍。熟悉工作中保证安全的组织措施和技术措施；应持有在有效期内的低压带电作业资质证书。

(3)工作负责人应事先组织相关人员完成现场勘察，根据勘察结果做出能否进行不停电作业的判断，并确定作业方法及应采取的安全技术措施，确定本次作业方法和所需工器具，并办理带电作业工作票。

(4)作业现场应合理设置围栏，并妥当布置警示标示牌，禁止非工作人员入内。

3. 准备工作

1)危险点及其预控措施

(1)危险点——触电伤害。

预控措施：

①工作中，工作负责人应履行监护职责，不得兼作其他工作，要选择便于监护的位置，监护的范围不得超过一个作业点。

②开始作业前要对横担、绝缘子、电杆进行验电。

③低压电气带电作业应戴绝缘手套(含防穿刺手套)、防电弧服、眼镜等，并保持对地绝缘；遮蔽作业时动作幅度不得过大，防止造成相间、相对地放电；若存在相间短路风险应加装绝缘遮蔽(隔离)措施。

(2)危险点——低压带电作业车停放位置不佳。

预控措施：

①停放的位置应便于低压带电作业车工作斗到达作业位置，避开附近电力线和障碍物。

②停放位置平整，保持车身水平。

③低压带电作业车应顺线路停放。

(3)危险点——现场管理混乱造成人身事故或设备事故。

预控措施：

①每项工作开始前、结束后，每组工作完成小组负责人应向现场总工作负责人汇报。

②多班组作业时应做好现场的组织、协调工作。作业人员应听从工作负责人指挥。

③作业现场设置围栏并挂好警示标示牌。监护人员应随时注意，禁止非工作人员及车辆进入作业区域。

2)工器具及材料选择

0.4 kV绝缘手套作业法带电更换直线杆绝缘子所需工器具及材料见表3-31。工器具出库前，应认真核对工器具的使用电压等级和试验周期，并检查确认外观良好、连接牢固、转动灵活，且符合本次工作任务的要求；工器具出库后，应存放在工具袋或工具箱内进行运输，防止脏污、受潮；金属工具和绝缘工器具应分开装运，防止因混装运输导致工器具变形、损伤等现象发生。

表 3-31 0.4 kV 带电更换直线杆绝缘子所需工器具及材料

序号	工器具名称		规格、型号	单位	数量	说明
1	作业车辆	低压带电作业车		辆	1	绝缘斗臂车、绝缘平台、绝缘梯等对地绝缘作业平台可替代
2	个人防护用具	绝缘手套	0.4 kV	副	1	10 kV 可替代
3		安全帽		顶	3	
4		绝缘鞋		双	3	
5		双控背带式安全带		件	1	
6		个人电弧防护用品		套	1	室外作业防电弧能力不小于 6.8 cal/cm^2；配电柜等封闭空间作业不小于 25.6 cal/cm^2
7	绝缘工器具	验电笔		支	1	
8		绝缘毯	1 kV	块	4	
9		绝缘毯夹		只	若干	
10		导线遮蔽罩	1 kV	个	4	
11		绝缘子遮蔽罩	1 kV	个	1	
12	个人工器具	绝缘扳手		把	1	
13		绝缘钢丝钳		把	1	
14		活络扳手		把	1	
15		个人手工工具		套	1	
16		绝缘电阻表	500 V	台	1	
17		温湿度计		台	1	
18		风速仪		台	1	
19		防潮苫布		张	1	
20		围栏、安全警示牌等			若干	根据现场实际情况确定
21	材料	绝缘子		只	1	
22		扎线		根	1	

3）作业人员分工

本任务作业人员分工如表 3-32 所示。

表 3-32　0.4 kV 带电更换直线杆绝缘子工作人员分工

序号	工作岗位	数量(人)	工作职责
1	工作负责人	1	负责本次工作任务的人员分工、工作票的宣读、办理工作许可手续、召开工作班前会、工作中突发情况的处理、工作质量的监督、工作后的总结
2	斗内电工	1	负责更换直线杆绝缘子工作
3	地面辅助工	1	负责在地面配合斗内电工作业

4. 工作流程

本任务工作流程如表 3-33 所示。

表 3-33　0.4 kV 带电更换直线杆绝缘子工作流程

序号	作业内容	作业步骤及标准	安全措施及注意事项	责任人
1	现场复勘	工作负责人负责完成以下工作： (1)现场核对 0.4 kV 线路名称及编号，确认现场是否满足作业条件。 (2)确认作业范围内地面土壤坚实、平整，符合低压带电作业车安置条件。 (3)检测风速、湿度等现场气象条件是否符合作业要求。 (4)检查带电作业工作票所列安全措施与现场实际情况是否相符，必要时予以补充	(1)正确穿戴安全帽、工作服、工作鞋、劳保手套。 (2)0.4 kV 线路双重名称核对无误。 (3)查看作业范围内地面土壤坚实、平整，符合低压带电作业车安置条件。 (4)不得在危及作业人员安全的气象条件下作业。 (5)严禁非工作人员、车辆进入作业现场	
2	工作许可	(1)工作负责人向设备运行单位申请许可工作。 (2)经值班调控人员许可后，方可开始带电作业工作	(1)汇报内容为工作负责人姓名、工作地点、工作任务和计划工作时间。 (2)不得未经值班调控人员许可即开始工作	
3	现场布置	正确装设安全围栏并悬挂标示牌： (1)安全围栏范围应充分考虑高处坠物，以及对道路交通的影响。 (2)安全围栏出入口设置合理。 (3)妥当布置"从此进出""在此工作"等标示。 (4)作业人员将工器具和材料放在清洁、干燥的防潮苫布上。 (5)斗臂车正确顺线路方向停放在作业位置	(1)对道路交通安全影响不可控时，应及时联系交通管理部门强化现场交通安全管控。 (2)工器具应分类摆放。 (3)绝缘工器具不能与金属工具、材料混放。 (4)斗臂车停放位置应避开附近电力线路和障碍物	

续表 3-33

序号	作业内容	作业步骤及标准	安全措施及注意事项	责任人
4	召开班前会	(1)全体工作成员列队。 (2)工作负责人宣读工作票,明确工作任务及人员分工;讲解工作中的安全措施和技术措施;查(问)全体工作成员精神状态;告知工作中存在的危险点及采取的预控措施。 (3)全体工作成员在带电作业工作票上签名确认	(1)工作票填写、签发和许可手续规范,签名完整。 (2)全体工作成员精神状态良好。 (3)全体工作成员明确任务分工、安全措施和技术措施	
5	检查绝缘工器具及个人防护用品	(1)对绝缘工具、防护用具外观和试验合格证进行检查,并检测其绝缘性能。 (2)作业人员穿戴个人安全防护用品	(1)金属、绝缘工具使用前,应仔细检查其是否损坏、变形、失灵。绝缘工具应使用2 500 V及以上绝缘电阻表进行分段绝缘检测,阻值应不低于700 MΩ,并在试验周期内,用清洁干燥的毛巾将其擦拭干净。 (2)检查个人安全防护用品是否满足要求	
6	检查低压带电作业车	(1)检查低压带电作业车表面状况。 (2)试操作低压带电作业车	(1)绝缘斗应清洁、无裂纹损伤。 (2)对绝缘斗臂车进行空斗试操作,应有回转、升降、伸缩的过程。确认液压、机械、电气系统正常可靠、制动装置可靠	
7	斗内电工进入作业区域	(1)斗内电工穿戴好个人防护用具。 (2)斗内电工携带工器具进入绝缘斗。 (3)斗内电工经工作负责人许可后,进入带电作业区域	(1)绝缘防护用具包括安全帽、绝缘手套(含防穿刺手套)、绝缘鞋、防电弧服、防护面罩、防电弧手套等。 (2)工作负责人应检查斗内电工绝缘防护用具的穿戴是否正确。 (3)工器具的金属部分不准超出绝缘斗边缘面,工具和人员重量之和不得超过绝缘斗额定载荷。 (4)斗内工作电工在作业过程中不得失去安全带保护,人身不得过度探出车斗,以免失去平衡。 (5)再次确认线路状态,满足作业条件	

续表 3-33

序号	作业内容	作业步骤及标准	安全措施及注意事项	责任人
8	验电	斗内电工使用验电器确认作业现场无漏电现象	(1)对验电器进行自检。 (2)用自检合格的验电器进行验电，验电时作业人员应与带电导体保持安全距离，验电顺序应由近及远，验电时应戴绝缘手套。 (3)检验作业现场接地构件、绝缘子有无漏电现象，确认无漏电现象，验电结果汇报工作负责人	
9	设置绝缘遮蔽	获得工作负责人的许可后，斗内电工转移绝缘斗到近边相导线合适工作位置，按照“从近到远”的顺序对作业中可能触及的带电体、接地体进行绝缘遮蔽隔离	(1)遮蔽边相导线、边相绝缘子，然后遮蔽中相导线、中相绝缘子，最后对电杆及横担进行遮蔽。 (2)在对带电体设置绝缘遮蔽隔离措施时，动作应轻缓，横担、带电体之间应有安全距离。 (3)绝缘遮蔽隔离措施应严密、牢固，绝缘遮蔽组合应重叠	
10	绝缘子更换	经过工作负责人许可后，斗内作业人员进行中相绝缘子更换工作： (1)拆除中相绝缘子的遮蔽及扎丝。 (2)两导线遮蔽罩重叠后，将导线放置于横担上。 (3)更换绝缘子。 (4)恢复横担的绝缘遮蔽。 (5)将导线挪到绝缘子线槽内，扎丝扎牢。 (6)恢复绝缘子遮蔽	(1)低压电气带电作业应戴绝缘手套(含防穿刺手套)、防电弧服、眼镜等，并保持对地绝缘。 (2)遮蔽作业时动作幅度不得过大，防止造成相间、相对地放电；若存在相间短路风险应加装绝缘遮蔽(隔离)措施。 (3)遮蔽应完整，不同遮蔽物之间保持一定重合，避免留有漏洞、带电体暴露，作业时接触带电体形成回路，造成人身伤害。 (4)解/绑扎线时，剩余扎丝应成卷，边解/绑边收/放，避免扎丝过长接触横担等	

续表 3-33

序号	作业内容	作业步骤及标准	安全措施及注意事项	责任人
11	拆除绝缘遮蔽	获得工作负责人许可后，按照与设置遮蔽相反的顺序进行绝缘拆除	拆除绝缘遮蔽时动作必须轻缓，对带电体必须保持应有的安全距离	
12	撤离作业面	(1)斗内电工清理工作现场，杆上、线上无遗留物，向工作负责人汇报施工质量。 (2)工作负责人应进行全面检查，装置无缺陷，符合运行条件，确认工作完成无误。 (3)绝缘斗臂车收回绝缘臂、绝缘斗，斗内电工下车	(1)斗内工作电工在作业过程中不得失去安全带保护，人身不得过度探出车斗，失去平衡。 (2)斗臂车操作动作平稳，避开附近电力线路和障碍物。 (3)斗内清洁、无遗留物	
13	工作结束	(1)工作负责人组织班组成员清理现场。 (2)召开班后会，工作负责人做工作总结和点评工作。 (3)评估本项工作的施工质量。 (4)点评班组成员在作业中的安全措施的落实情况。 (5)点评班组成员对规程规范的执行情况 (6)办理工作终结手续：工作负责人向调度汇报工作结束，并终结带电作业工作票	(1)将工器具清洁后放入专用的箱(袋)中。 (2)清理现场，做到工完料尽场地清 (3)带电作业工作票终结手续正确、规范	

二、考核标准

该模块的 0.4 kV 带电更换直线杆绝缘子技能培训考核评分表、评分细则见表 3-34、表 3-35。

表 3-34　0.4 kV 带电更换直线杆绝缘子技能培训考核评分表

考生填写栏	编号：　姓　名：　所在岗位：　单　位：　日　期：　年　月　日						
考评员填写栏	成绩：　考评员：　考评组长：　开始时间：　结束时间：　操作时长：						
考核模块	0.4 kV 带电更换直线杆绝缘子	考核对象	0.4 kV 配网不停电作业人员	考核方式	操作	考核时限	90 min
任务描述	在 0.4 kV 线路直线杆上完成带电更换绝缘子的操作						
工作规范及要求	1. 带电作业工作应在良好天气下进行。如遇雷、雨、雪、雾天气不得进行带电作业。风力大于 5 级、湿度大于 80%时，一般不宜进行带电作业。 2. 本项作业需工作负责人 1 名，不停电作业人员 1 名、辅助操作人员 1 名，通过绝缘斗臂车完成带电更换绝缘子的操作。 3. 工作负责人职责：负责本次工作任务的人员分工、工作票的宣读、办理工作许可手续、召开工作班前会、工作中突发情况的处理、工作质量的监督、工作后的总结。 4. 不停电作业人员职责：负责带电更换绝缘子的操作工作。 5. 辅助操作人员职责：负责协助完成工作任务。 6. 在带电作业中，如遇雷、雨、大风或其他任何情况威胁到工作人员的安全时，工作负责人或监护人可根据情况，临时停止工作。 给定条件： 1. 培训基地：0.4 kV 低压线路。 2. 带电作业工作票已办理，安全措施已经完备，工作开始、工作终结时应口头提出申请（调度或考评员）。 3. 绝缘工器具和个人防护用具等。 必须按工作程序进行操作，工序错误扣除应做项目分值，出现重大人身、器材和操作安全隐患，考评员可下令终止操作（考核）						
考核情景准备	1. 线路：0.4 kV 低压配电线路，工作内容：带电更换绝缘子的操作。 2. 所需作业工器具：斗臂车、个人防护用具、绝缘工器具、个人工器具。 3. 作业现场做好监护工作，作业现场安全措施（围栏等）已全部落实；禁止非作业人员进入现场，工作人员进入作业现场必须戴安全帽。 4. 考生自备工作服，阻燃纯棉内衣，安全帽，线手套						

注：1. 出现重大人身、器材和操作安全隐患，考评员可下令终止操作。

2. 设备、作业环境、安全帽、工器具、绝缘工具和旁路设备等不符合作业条件时，考评员可下令终止操作。

表 3-35　0.4 kV 带电更换直线杆绝缘子技能培训考核评分细则

序号	项目名称	质量要求	分值	扣分标准	扣分原因	扣分	得分
1	现场复勘	(1)工作负责人到作业现场核对线路名称及编号,确认现场是否满足作业条件。 (2)检测风速、湿度等现场气象条件是否符合作业要求。 (3)检查作业环境是否满足斗臂车作业条件。 (4)检查带电作业工作票填写是否完整,无涂改,检查所列安全措施与现场实际情况是否相符,必要时予以补充	8	(1)未进行核对双重称号扣1分。 (2)未核实现场工作条件(气象)、缺陷部位扣1分。 (3)未检查作业环境扣1分。 (4)工作票填写出现涂改,每项扣0.5分,工作票编号有误,扣1分。工作票填写不完整,扣1.5分			
2	工作许可	(1)工作负责人向设备运行单位申请许可工作。 (2)经值班调控人员许可后,方可开始带电作业工作	2	(1)未联系运行部门(裁判)申请工作扣2分。 (2)汇报专业用语不规范或不完整各扣0.5分			
3	现场布置	正确装设安全围栏并悬挂警示牌: (1)安全围栏范围应充分考虑高处坠物,以及对道路交通的影响,安全围栏出入口设置合理。 (2)妥当布置“从此进出”“在此工作”等标示。 (3)作业人员将工器具和材料放在清洁、干燥的防潮苫布上。 (4)斗臂车正确顺线路停放在作业位置	5	(1)作业现场未装设围栏扣0.5分。 (2)未设立警示牌扣0.5分。 (3)工器具未分类摆放扣2分。 (4)斗臂车位置摆放不正确扣1分			

续表 3-35

序号	项目名称	质量要求	分值	扣分标准	扣分原因	扣分	得分
4	召开班前会	(1)全体工作成员正确佩戴安全帽、穿工作服。 (2)工作负责人穿红色背心,宣读工作票,明确工作任务及人员分工;讲解工作中的安全措施和技术措施;查(问)全体工作成员精神状态;告知工作中存在的危险点及采取的预控措施。 (3)全体工作成员在工作票上签名确认	5	(1)工作人员着装不整齐每人次扣 0.5 分。 (2)未进行分工本项不得分,分工不明扣 1 分。 (3)现场工作负责人未穿安全监护背心扣 0.5 分。 (4)工作票上工作班成员未签字或签字不全扣 1 分			
5	工器具及材料检查	(1)工作人员按要求将工器具放在防潮苫布上;防潮苫布应清洁、干燥。 (2)工器具应按定置管理要求分类摆放;绝缘工器具不能与金属工具、材料混放;对工器具进行外观检查。 (3)绝缘工具表面不应磨损、变形损坏,操作应灵活。绝缘工具应使用 2 500 V 及以上绝缘电阻表进行分段绝缘检测,阻值应不低于 700 MΩ,并用清洁干燥的毛巾将其擦拭干净。 (4)作业人员正确穿戴个人安全防护用品,工作负责人应认真检查是否穿戴正确。 (5)对绝缘子型号及外观进行检查	10	(1)未使用防潮苫布并定置摆放工器具扣 1 分。 (2)未检查工器具试验合格标签及外观每项扣 0.5 分。 (3)未正确使用检测仪器对工器具进行检测每项扣 1 分。 (4)作业人员未正确穿戴安全防护用品,每人次扣 2 分。 (5)对绝缘子型号及外观未进行检查,每项扣 1 分			

续表 3-35

序号	项目名称	质量要求	分值	扣分标准	扣分原因	扣分	得分
6	进入带电作业区域	(1)斗内电工穿戴好个人防护用具,绝缘防护用具包括安全帽、绝缘手套(含防穿刺手套)、绝缘鞋、防电弧服、防护面罩、防电弧手套等。 (2)工作负责人应检查斗内电工绝缘防护用具的穿戴是否正确。 (3)斗内电工携带工器具进入绝缘斗,工器具应分类放置在工具袋中,工器具的金属部分不准超出绝缘斗边缘面,工具和人员重量之和不得超过绝缘斗额定载荷。 (4)斗内电工将斗内专用绝缘安全带系挂在斗内专用挂钩上,不得失去安全带保护。 (5)斗内工作电工人身不得过度探出车斗,以免失去平衡,斗臂车操作平稳。 (6)工作负责人再次确认现场设备情况满足作业条件	10	(1)作业电工未穿戴全套防电弧用具本项不得分;穿戴不规范扣2分/处。 (2)工作负责人未检查斗内电工绝缘防护用具穿戴的扣2分。 (3)工器具未分类放置在工具袋中扣2分,金属工器具超出绝缘斗边缘面扣1分/件。 (4)安全带未系挂在斗内专用挂钩上扣2分。 (5)斗内工作电工人身过度探出车斗扣2分,斗臂车操作不平稳扣2分。 (6)工作负责人未再次确认现场设备情况满足作业条件扣3分			
7	验电	(1)验电时应使用声光型验电器。 (2)验电时作业人员应与带电导体保持安全距离,作业人员验电顺序正确,验电时应戴绝缘手套。 (3)确认现场无漏电现象,验电结果汇报工作负责人	5	(1)未使用合格的声光型验电器扣2分。 (2)验电安全距离不够扣4分,未戴绝缘手套扣2分。 (3)未确认现场无漏电现象扣2分			

续表 3-35

序号	项目名称	质量要求	分值	扣分标准	扣分原因	扣分	得分
8	设置绝缘遮蔽	获得工作负责人的许可后，斗内电工转移绝缘斗到近边相导线合适工作位置，按照“从近到远”的顺序对作业中可能触及的带电体、接地体进行绝缘遮蔽隔离。 （1）先遮蔽边相导线、边相绝缘子，然后遮蔽中相导线、中相绝缘子，最后对电杆及横担进行遮蔽。 （2）在对带电体设置绝缘遮蔽隔离措施时，动作应轻缓，横担、带电体之间应有安全距离。 （3）绝缘遮蔽隔离措施应严密、牢固，绝缘遮蔽组合应重叠	10	（1）斗内电工工作位置不正确扣 2 分。 （2）遮蔽顺序不正确扣 2 分。 （3）动作过大扣 2 分，安全距离不足扣 5 分。 （4）遮蔽不严密扣 1 分/处，重叠尺寸不足扣 1 分/处			
9	绝缘子更换	经过工作负责人许可后，斗内作业人员进行中相绝缘子更换工作： （1）拆除绝缘子的遮蔽及扎丝。 （2）两导线遮蔽罩重叠后，将导线放置于横担上。 （3）更换绝缘子。 （4）恢复横担的绝缘遮蔽。 （5）将导线挪到绝缘子线槽内，扎丝扎牢。 （6）恢复绝缘子遮蔽	20	（1）拆除绝缘子的遮蔽及扎丝方法不正确扣 1 分/项。 （2）两导线遮蔽罩重叠尺寸不足扣 1 分。 （3）更换绝缘子方法不规范扣 2 分，工器具使用不正确扣 1 分/件，绝缘子损坏扣 5 分。 （4）恢复横担的绝缘遮蔽不规范扣 2 分/件。 （5）扎丝扎牢方法错误扣 2 分，扎线线圈过大扣 2 分。 （6）恢复绝缘子遮蔽不规范扣 2 分/件			

续表 3-35

序号	项目名称	质量要求	分值	扣分标准	扣分原因	扣分	得分
10	拆除绝缘遮蔽	获得工作负责人许可后，按照与设置遮蔽相反的顺序进行绝缘拆除，拆除绝缘遮蔽时动作必须轻缓，对带电体必须保持应有的安全距离	5	（1）绝缘遮蔽拆除顺序错误扣3分。 （2）拆除绝缘遮蔽时动作过大扣2分。 （3）安全距离不足扣2分			
11	撤离作业面	（1）斗内电工清理工作现场，杆上、线上无遗留物，向工作负责人汇报施工质量。 （2）工作负责人应进行全面检查，装置无缺陷，符合运行条件，确认工作完成无误。 （3）绝缘斗臂车收回绝缘臂、绝缘斗，斗内电工下车	10	（1）斗内电工未清理工作现场扣2分，杆上、线上有遗留物扣1分/件，未向工作负责人汇报施工质量扣2分。 （2）工作负责人未进行全面检查装置作业质量扣3分。 （3）绝缘斗臂车收回动作过大扣2分，斗内不清洁扣2分，车上有遗留物扣1分/件			
12	工作结束	（1）工作负责人组织班组成员清理现场。 （2）召开班后会，工作负责人做工作总结和点评工作。 （3）评估本项工作的施工质量。 （4）点评班组成员在作业中的安全措施的落实情况。 （5）点评班组成员对规程规范的执行情况。 （6）办理带电作业工作票终结手续	10	（1）工器具未清理扣2分。 （2）工器具有遗漏扣2分。 （3）未开班后会扣2分。 （4）未拆除围栏扣2分。 （5）未办理带电工作票终结手续扣2分			
合计			100				

第六节　0.4 kV 低压配电柜(房)旁路作业加装智能配变终端

一、培训标准

(一)培训要求

0.4 kV 低压配电柜(房)旁路作业加装智能配变终端培训要求见表 3-36。

表 3-36　0.4 kV 低压配电柜(房)旁路作业加装智能配变终端培训要求

名称	0.4 kV 低压配电柜(房)旁路作业加装智能配变终端	培训类别	操作类
培训方式	实操培训	培训学时	14 学时
培训目标	1. 能完成更换低压开关操作。 2. 能完成加装智能配变终端的操作		
培训场地	0.4 kV 低压配电柜(房)		
培训内容	0.4 kV 旁路不停电更换低压开关及加装智能配变终端作业		
适用范围	加装智能终端同时需要更换低压开关的作业		

(二)引用规程规范

《配网运维规程》(Q/GDW 1519—2014);

《个人电弧防护用品通用技术要求》(DL/T 320—2010);

《带电作业用绝缘手套通用技术条件》(GB 17622—2008);

《带电作业工具基本技术要求与设计导则》(GB/T 18037—2008);

《带电作业工具设备术语》(GB/T 14286—2008);

《电工术语　带电作业》(GB/T 2900.55—2016);

《国家电网公司电力安全工作规程(配电部分)(试行)》(国家电网安质〔2014〕265号);

国家电力公司武汉高压研究所配电线路带电作业技术;

《带电作业用绝缘工具试验导则》(DL/T 878—2021)。

(三)培训教学设计

本项目以完成"0.4 kV 低压配电柜(房)旁路作业加装智能配变终端"为工作任务,按工作任务的标准化作业流程来设计各个培训阶段,每个阶段包括具体的培训目标、培训内容、培训学时、培训方法(培训资源)、培训环境和考核评价等内容,如表 3-37 所示。

表 3-37 0.4 kV 低压配电柜(房)旁路作业加装智能配变终端培训内容设计

培训流程	培训目标	培训内容	培训学时	培训方法与资源	培训环境	考核评价
1. 理论教学	1. 熟悉 0.4 kV 低压配电柜(房)旁路作业加装智能配变终端工器具及材料检查方法。 2. 掌握临时供电旁路系统敷设方法。 3. 掌握临时供电操作流程	1. 正确检查本项目所涉及的绝缘斗臂车/绝缘梯(可升降绝缘平台)、个人防护用具、绝缘操作用具、旁路作业设备、个人工具和材料。 2. 在发电车和 0.4 kV 线路敷设和旁路系统完成绝缘检测操作流程。 3. 旁路系统的投运和退出操作流程	2	培训方法:讲授法。 培训资源:PPT、相关规程规范	多媒体教室	考勤、课堂提问和作业
2. 准备工作	能完成作业前准备工作	1. 作业现场查勘。 2. 编制培训标准化作业卡。 3. 填写培训带电作业工作票。 4. 完成本操作的工器具及材料准备	1	培训方法: 1. 现场查勘和工器具及材料清理采用现场实操方法。 2. 编写作业卡和填写工作票采用讲授方法。 培训资源: 1. 0.4 kV 低压配电柜(房)。 2. 0.4 kV 带电作业工器具库房。 3. 低压带电作业车。 4. 空白工作票	1. 0.4 kV 低压配电柜(房)。 2. 多媒体教室	
3. 作业现场准备	能完成作业现场准备工作	1. 作业现场复勘。 2. 工作申请。 3. 作业现场布置。 4. 班前会。 5. 工器具及材料检查。 6. 检查确认线路负荷电流	2	培训方法: 演示与角色扮演法。 培训资源: 1. 0.4 kV 低压配电柜(房)。 2. 发电车。 3. 工器具及材料	0.4 kV 低压配电柜(房)	

续表 3-37

培训流程	培训目标	培训内容	培训学时	培训方法与资源	培训环境	考核评价
4. 培训师演示	通过现场观摩，使学员初步领会本任务的操作流程	1. 安装低压旁路负荷开关并铺设旁路低压电缆至待更换低压开关电源侧和负荷侧。 2. 低压旁路系统检测并放电。 3. 拉开低压旁路负荷开关。 4. 低压旁路电缆带电接入待更换低压开关电源侧和负荷侧并核相。 5. 合上低压旁路负荷开关并确认低压旁路系统分流正常。 6. 断开确认并拆除待更换低压开关电源侧和负荷侧。 7. 更换低压开关及加装智能配变终端。 8. 确认新换低压开关断开并连接新换低压开关电源侧接线和负荷侧线并核相。 9. 合上新换低压开关并且确认新换低压开关线路分流正常。 10. 断开低压旁路负荷开关并确认低压旁路负荷开关处于断开状态。 11. 带电拆除低压旁路电缆与新换低压开关负荷侧的连接以及低压旁路电缆与新换低压开关电源侧的连接。 12. 低压旁路系统放电	2	培训方法： 演示法。 培训资源： 0. 4 kV 低压配电柜（房）	0. 4 kV 低压配电柜（房）	

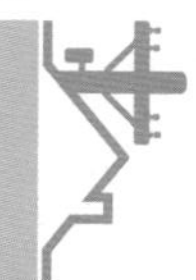

续表 3-37

培训流程	培训目标	培训内容	培训学时	培训方法与资源	培训环境	考核评价
5. 学员分组训练	1. 能完成更换低压开关操作。 2. 能完成加装智能配变终端的操作	1. 学员分组（10 人一组）训练更换低压开关操作和加装智能配变终端技能操作。 2. 培训师对学员操作进行指导和安全监护	6	培训方法： 角色扮演法。 培训资源： 1. 0.4 kV 低压配电柜（房）。 2. 发电车。 3. 工器具和材料	0.4 kV 低压配电柜（房）	采用技能考核评分细则对学员操作评分
6. 工作终结	1. 使学员进一步辨析操作过程的不足之处，便于后期提升。 2. 培训学员安全文明生产的工作作风	1. 作业现场清理。 2. 向调度汇报工作。 3. 班后会，对本次工作任务进行点评总结	1	培训方法： 讲授和归纳法	作业现场	

(四)作业流程

1.工作任务

在发电车和0.4 kV低压配电柜(房)之间敷设旁路系统,完成对低压开关更换及加装智能配变终端的操作。

2.天气及作业现场要求

(1)0.4 kV低压配电柜(房)旁路作业加装智能配变终端作业应在良好的天气进行。

如遇雷电(听见雷声、看见闪电)、雪、雹、雨、雾等,禁止进行带电作业。风力大于5级,或空气相对湿度大于80%时,不宜进行带电作业;恶劣天气下必须开展带电抢修时,应组织有关人员充分讨论并编制必要的安全措施,经本单位批准后方可进行。

(2)作业人员精神状态良好,无妨碍作业的生理障碍和心理障碍。熟悉工作中保证安全的组织措施和技术措施;应持有在有效期内的低压带电作业资质证书。

(3)工作负责人应事先组织相关人员完成现场勘察,根据勘察结果做出能否进行不停电作业的判断,并确定作业方法及应采取的安全技术措施,确定本次作业的方法和所需的工器具,并办理带电作业工作票。

(4)作业现场应该确认道路是否满足施工要求,能否停放发电车、应急抢险车等车辆,能够展放低压柔性电缆。

(5)作业现场应合理设置围栏,并妥当布置警示标示牌,禁止非工作人员入内。

3.准备工作

1)危险点及其预控措施

(1)危险点——触电伤害。

预控措施:

①工作中,工作负责人应履行监护职责,不得兼作其他工作,要选择便于监护的位置,监护的范围不得超过一个作业点。

②旁路电缆设备投运前应进行外观检查及绝缘性能检测,防止设备损坏或有缺陷未及时发现造成人身、设备事故。

③作业前需检测确认配电箱负荷电流小于旁路设备的额定电流值,拆除旁路作业设备前,各相柔性电缆应充分放电。

④应对现场装置进行验电,避免造成人身触电。

⑤作业点周围的带电部位应进行绝缘遮蔽,否则可能发生接地或短路。

⑥人员动作不应过大,否则可能会触碰带电设备发生触电。

⑦人体不能同时接触不同电位的物体,避免造成触电。

⑧配合人员向中间电位人员传递工器具及材料时,应避免造成触电。

⑨旁路开关发生假断,会造成带负荷搭接旁路引流线。

(2)危险点——高处坠落。

预控措施:

①作业人员高空作业应使用安全带,防止作业人员高处坠落。

②带电作业平台(绝缘梯)应专人扶持,防止发生倾倒。

(3)危险点——高空坠物。

预控措施：

作业人员应携带电力安全包，作业时的小件应放入包中，防止发生高空落物造成人身伤害的现象。

(4)危险点——交通事故。

预控措施：

作业现场设置围栏并挂好警示标示牌。监护人员应随时注意，禁止非工作人员及车辆进入作业区域。

2)工器具及材料选择

0.4 kV 低压配电柜(房)旁路作业加装智能配变终端所需工器具及材料见表 3-38。工器具出库前，应认真核对工器具的使用电压等级和试验周期，并检查确认外观良好、连接牢固、转动灵活，且符合本次工作任务的要求；工器具出库后，应存放在工具袋或工具箱内进行运输，防止脏污、受潮；金属工具和绝缘工器具应分开装运，防止因混装运输导致工器具变形、损伤等现象发生。

表 3-38 0.4 kV 低压配电柜(房)旁路作业加装智能配变终端所需工器具及材料

<table>
<tr><th>序号</th><th colspan="2">工器具名称</th><th>规格、型号</th><th>单位</th><th>数量</th><th>说明</th></tr>
<tr><td rowspan="6">1</td><td rowspan="6">安全防护用具</td><td>绝缘手套(含防穿刺手套)</td><td>0.4 kV</td><td>副</td><td>3</td><td></td></tr>
<tr><td>绝缘鞋(靴)</td><td></td><td>双</td><td>7</td><td></td></tr>
<tr><td>双控背带式安全带</td><td></td><td>副</td><td>2</td><td></td></tr>
<tr><td>安全帽</td><td></td><td>顶</td><td>7</td><td></td></tr>
<tr><td>护目镜</td><td></td><td>副</td><td>3</td><td></td></tr>
<tr><td>个人电弧防护用品</td><td></td><td>套</td><td>3</td><td>室外作业防电弧能力不小于 6.8 cal/cm²；配电柜等封闭空间作业不小于 25.6 cal/cm²</td></tr>
<tr><td rowspan="7">2</td><td rowspan="7">绝缘工具</td><td>绝缘斗臂车/绝缘梯(可升降绝缘平台)</td><td>0.4 kV 及以上</td><td>个</td><td>1</td><td>根据现场实际情况安排</td></tr>
<tr><td>绝缘护套</td><td>0.4 kV</td><td>个</td><td>若干</td><td></td></tr>
<tr><td>绝缘操作棒</td><td></td><td>根</td><td>1</td><td></td></tr>
<tr><td>绝缘放电棒</td><td></td><td>根</td><td>1</td><td></td></tr>
<tr><td>绝缘毯</td><td></td><td>块</td><td>若干</td><td></td></tr>
<tr><td>绝缘隔板</td><td></td><td>块</td><td>若干</td><td></td></tr>
<tr><td>绝缘遮蔽罩</td><td></td><td>个</td><td>若干</td><td></td></tr>
</table>

续表 3-38

序号	工器具名称		规格、型号	单位	数量	说明
3	辅助工具	防潮垫或苫布		块	若干	
		低压旁路负荷开关		台	1	
		低压旁路柔性电缆		根	8	
		余缆支架		根	1	
		绝缘绳		根	1	
4	低压绝缘工器具	个人手工绝缘工具	1 kV	套	1	
5	仪器仪表	绝缘电阻表	500 V	块	1	
		万用表		块	1	
		钳型电流表		块	1	
		温湿度仪		块	1	
		低压声光验电器	0.4 kV	只	1	
6	其他工器具	交通安全警示牌		块	2	“电力施工、车辆缓行”
		围栏(网)、安全警示牌等			若干	

3)作业人员分工

本任务作业人员分工如表 3-39 所示。

表 3-39　0.4 kV 低压配电柜(房)旁路作业加装智能配变终端工作人员分工

序号	工作岗位	数量(人)	工作职责
1	工作负责人(兼监护人)	1	负责交代工作任务、安全措施和技术措施,履行监护职责
2	一号电工	1	带电断接低压旁路电缆及线路的连接
3	二号电工	1	带电断接低压旁路电缆及线路的连接
4	专责监护人	1	监护作业点
5	地面操作电工	1	连接低压旁路负荷开关
6	地面电工	2	铺设低压旁路电缆,辅助传递工器具

4. 工作流程

本任务工作流程如表 3-40 所示。

表 3-40 0.4 kV 低压配电柜(房)旁路作业加装智能配变终端工作流程

序号	作业内容	作业步骤及标准	安全措施及注意事项	责任人
1	现场复勘	工作负责人负责完成以下工作： (1)现场核对 0.4 kV 低压配电柜(房)名称及编号,确认柜体无漏电现象,现场是否满足作业条件。 (2)确认发电车容量是否满足负荷标准。 (3)检测风速、湿度等现场气象条件是否符合作业要求。 (4)检查地形环境是否满足 0.4 kV 发电车或应急电源车安置条件。 (5)检查带电作业工作票所列安全措施与现场实际情况是否相符,必要时予以补充	(1)正确穿戴安全帽、工作服、工作鞋、劳保手套。 (2)0.4 kV 低压配电柜(房)双重名称核对无误。 (3)查看临时电源车容量满足负荷标准。 (4)不得在危及作业人员安全的气象条件下作业。 (5)临时电源车停放地面坚实、平整。 (6)严禁非工作人员、车辆进入作业现场	
2	工作许可	(1)工作负责人向设备运维管理单位申请许可工作。 (2)经值班调控人员许可后,方可开始带电作业工作	(1)汇报内容为工作负责人姓名、工作地点、工作任务和计划工作时间。 (2)不得未经值班调控人员许可即开始工作	
3	现场布置	正确装设安全围栏并悬挂标示牌： (1)安全围栏范围应充分考虑高处坠物,以及对道路交通的影响。 (2)安全围栏出入口设置合理。 (3)妥当布置“从此进出”“在此工作”等标示。 (4)作业人员将工器具和材料放在清洁、干燥的防潮苫布上。 (5)发电车正确顺线路分析停放在作业位置	(1)对道路交通安全影响不可控时,应及时联系交通管理部门强化现场交通安全管控。 (2)工器具应分类摆放。 (3)绝缘工器具不能与金属工具、材料混放。 (4)发电车停放位置应避开附近电力线路和障碍物	
4	召开班前会	(1)全体工作成员列队。 (2)工作负责人宣读工作票,明确工作任务及人员分工;讲解工作中的安全措施和技术措施;查(问)全体工作成员精神状态;告知工作中存在的危险点及采取的预控措施。 (3)全体工作成员在带电作业工作票上签名确认	(1)工作票填写、签发和许可手续规范,签名完整。 (2)全体工作成员精神状态良好。 (3)全体工作成员明确任务分工、安全措施和技术措施	

续表 3-40

序号	作业内容	作业步骤及标准	安全措施及注意事项	责任人
5	检查绝缘工器具及个人防护用品	(1)对绝缘工具、防护用具外观和试验合格证进行检查,并检测其绝缘性能。 (2)作业人员穿戴个人安全防护用品。 (3)对旁路作业设备进行外观、绝缘性能检查。 (4)检查确认配电箱负荷电流满足要求	(1)金属、绝缘工具使用前,应仔细检查其是否损坏、变形、失灵。绝缘工具应使用 2 500 V 及以上绝缘电阻表进行分段绝缘检测,阻值应不低于 700 MΩ,并在试验周期内,用清洁干燥的毛巾将其擦拭干净。 (2)检查旁路电缆的外护套是否有机械性损伤;旁路电缆连接部位是否有损伤,绝缘性能是否满足要求。 (3)作业前确认待转移负荷电流满足要求	
6	检查确认线路负荷电流	使用钳形电流表测量	确保不超过低压旁路电缆额定电流	
7	安装低压旁路负荷开关	在适当位置安装低压旁路负荷开关	低压旁路负荷开关应固定牢固,并有外壳保护	
8	铺设旁路低压电缆至待更换低压开关电源侧	将旁路低压电缆一端铺设至待更换低压开关电源侧,另一端铺设至低压旁路负荷开关处	(1)将旁路低压电缆放置在防潮苫布上,过马路的电缆需要用电缆盖板保护,余缆采用余缆支架固定。 (2)操作电工按相色连接	
9	铺设旁路低压电缆至待更换低压开关负荷侧	将旁路低压电缆一端铺设至待更换低压开关负荷侧,另一端铺设至低压旁路负荷开关处	(1)将旁路低压电缆放置在防潮苫布上,过马路的电缆需要用电缆盖板保护,余缆采用余缆支架固定。 (2)操作电工按相色连接	
10	低压旁路系统检测	合上低压旁路负荷开关,对低压旁路系统进行绝缘电阻检测	确认旁路系统绝缘性能良好	
11	放电	检测合格后,低压旁路系统放电	使用绝缘放电棒逐相放电	
12	拉开低压旁路负荷开关	断开低压旁路负荷开关,确认断开状态	使用万用表测量确认低压旁路负荷开关断开状态	

续表 3-40

序号	作业内容	作业步骤及标准	安全措施及注意事项	责任人
13	旁路低压电缆带电接入待更换低压开关电源侧	操作电工做好绝缘遮蔽和绝缘隔离措施，将旁路低压电缆按相色带电接入待更换低压开关电源侧	(1)操作电工升至适当位置，人体保持与带电体的安全距离。 (2)遮蔽罩要将邻近带电部位和接地体完全遮蔽，安装要牢固可靠，防止脱落。 (3)设置绝缘遮蔽时，按照先近后远，先下后上，先带电体后接地体的顺序进行	
14	旁路低压电缆带电接入待更换低压开关负荷侧	操作电工做好绝缘遮蔽和绝缘隔离，将旁路低压电缆按相色带电接入待更换低压开关负荷侧	(1)操作电工升至适当位置，人体保持与带电体的安全距离。 (2)遮蔽罩要将邻近带电部位和接地体完全遮蔽，安装要牢固可靠，防止脱落。 (3)设置绝缘遮蔽时，按照先近后远，先下后上，先带电体后接地体的顺序进行	
15	核相	在低压旁路负荷开关处核相	确认低压旁路负荷开关两边相位一致	
16	合上低压旁路负荷开关	核相正确后操作电工合上低压旁路负荷开关	地面操作电工穿戴好个人防护用具及电弧防护用品	
17	确认低压旁路系统分流正常	用钳形电流表检测分流，确认低压旁路系统运行正常	测量原线路、旁路低压电缆两个点	
18	断开待更换低压开关	操作电工使用绝缘操作棒断开待更换低压开关	操作电工穿戴好个人防护用具及电弧防护用品	
19	确认待更换低压开关断开状态	用钳形电流表检测电流，确认待更换低压开关已拉开	测量原线路、旁路低压电缆两个点	

续表 3-40

序号	作业内容	作业步骤及标准	安全措施及注意事项	责任人
20	拆除待更换低压开关负荷侧接线	操作电工做好绝缘遮蔽和绝缘隔离措施，将待更换低压开关负荷侧接线拆除	(1)操作电工升至适当位置，人体保持与带电体的安全距离。 (2)拆开的带电端头做好绝缘包裹及固定牢固。 (3)遮蔽罩要将邻近带电部位和接地体完全遮蔽，安装要牢固可靠，防止脱落。 (4)设置绝缘遮蔽时，按照先近后远，先下后上，先带电体后接地体的顺序进行	
21	拆除待更换低压开关电源侧接线	操作电工做好绝缘遮蔽和绝缘隔离措施，将待更换低压开关电源侧接线拆除	(1)操作电工升至适当位置，人体保持与带电体的安全距离。 (2)拆开的带电端头做好绝缘包裹及固定牢固。 (3)遮蔽罩要将邻近带电部位和接地体完全遮蔽，安装要牢固可靠，防止脱落。 (4)设置绝缘遮蔽时，按照先近后远，先下后上，先带电体后接地体的顺序进行	
22	检修	更换低压开关及加装智能终端TTU	检修作业人员按照作业要求执行	
23	确认新换低压开关断开	检查确认新换低压开关断开状态	使用万用表检查确认新换低压开关断开状态	
24	连接新换低压开关电源侧接线	操作电工做好绝缘遮蔽和绝缘隔离措施，将新换低压开关电源侧接线按相色连接	(1)操作电工升至适当位置，人体保持与带电体的安全距离。 (2)遮蔽罩要将邻近带电部位和接地体完全遮蔽，安装要牢固可靠，防止脱落。 (3)连接完成后同时恢复绝缘。 (4)设置绝缘遮蔽时，按照先近后远，先下后上，先带电体后接地体的顺序进行；拆除绝缘遮蔽罩顺序应与安装的顺序相反	

续表 3-40

序号	作业内容	作业步骤及标准	安全措施及注意事项	责任人
25	连接新换低压开关负荷侧接线	操作电工做好绝缘遮蔽和绝缘隔离措施，将新换低压开关负荷侧接线按相色连接	（1）操作电工升至适当位置，人体保持与带电体的安全距离。 （2）遮蔽罩要将邻近带电部位和接地体完全遮蔽，安装要牢固可靠，防止脱落。 （3）连接完成后同时恢复绝缘。 （4）设置绝缘遮蔽时，按照先近后远，先下后上，先带电体后接地体的顺序进行；拆除绝缘遮蔽罩顺序应与安装的顺序相反	
26	核相	在新换低压开关两侧核相	确认新换低压开关两侧相位一致	
27	合上新换低压开关	核相正确后合上新换低压开关	地面操作电工穿戴好个人防护用具及电弧防护用品	
28	确认新换低压开关线路分流正常	用钳形电流表检测分流，确认分流正常	测量原线路、旁路低压电缆两个点	
29	断开低压旁路负荷开关	操作电工断开低压旁路负荷开关	操作电工穿戴好个人防护用具及电弧防护用品	
30	确认低压旁路负荷开关处于断开状态	用钳形电流表检测电流，确认低压旁路负荷开关已拉开	测量原线路、旁路低压电缆两个点	
31	带电拆除旁路低压电缆与新换低压开关负荷侧的连接	操作电工做好绝缘遮蔽和绝缘隔离措施，将旁路低压电缆与新换低压开关负荷侧连接拆除	（1）操作电工升至适当位置，人体保持与带电体的安全距离。 （2）遮蔽罩要将邻近带电部位和接地体完全遮蔽，安装要牢固可靠，防止脱落。 （3）拆除完成后同时恢复原线路的绝缘。 （4）设置绝缘遮蔽时，按照先近后远，先下后上，先带电体后接地体的顺序进行；拆除绝缘遮蔽罩顺序应与安装的顺序相反	

续表 3-40

序号	作业内容	作业步骤及标准	安全措施及注意事项	责任人
32	带电拆除旁路低压电缆与新换低压开关电源侧的连接	操作电工做好绝缘遮蔽和绝缘隔离,将旁路低压电缆与新换低压开关电源侧的连接拆除	(1)操作电工升至适当位置,人体保持与带电体的安全距离。 (2)遮蔽罩要将邻近带电部位和接地体完全遮蔽,安装要牢固可靠,防止脱落。 (3)拆除完成后同时恢复原线路的绝缘。 (4)设置绝缘遮蔽时,按照先近后远,先下后上,先带电体后接地体的顺序进行;拆除绝缘遮蔽罩顺序应与安装的顺序相反	
33	低压旁路系统放电	对低压旁路系统逐相放电	使用绝缘放电棒逐相放电	
34	返回地面	确认作业点无遗留物后,操作电工向工作负责人报告工作完毕,经工作负责人许可后,返回地面	作业人员操作绝缘斗臂车(可升降平台)时应平稳、缓慢	
35	工作结束	(1)工作负责人组织班组成员清理现场。 (2)召开班后会,工作负责人做工作总结和点评工作。 (3)评估本项工作的施工质量。 (4)点评班组成员在作业中的安全措施的落实情况。 (5)点评班组成员对规程规范的执行情况 (6)办理工作终结手续:工作负责人向调度汇报工作结束,并终结带电作业工作票	(1)将工器具清洁后放入专用的箱(袋)中。 (2)清理现场,做到工完料尽场地清。 (3)带电作业工作票终结手续正确、规范	

二、考核标准

该模块的0.4 kV 低压配电柜(房)旁路作业加装智能配变终端技能培训考核评分表、评分细则见表3-41、表3-42。

表 3-41　0.4 kV 低压配电柜(房)旁路作业加装智能配变终端技能培训考核评分表

<table>
<tr><td>考生
填写栏</td><td colspan="8">编号：　姓名：　所在岗位：　单位：　日期：　年　月　日</td></tr>
<tr><td>考评员
填写栏</td><td colspan="8">成绩：　考评员：　考评组长：　开始时间：　结束时间：　操作时长：</td></tr>
<tr><td>考核模块</td><td>0.4 kV 低压配电柜(房)旁路作业加装智能配变终端</td><td>考核对象</td><td>0.4 kV 配网不停电作业人员</td><td>考核方式</td><td>操作</td><td>考核时限</td><td>120 min</td></tr>
<tr><td>任务
描述</td><td colspan="7">在发电车和 0.4 kV 低压配电柜(房)之间敷设旁路系统,完成更换低压开关和加装智能配变终端作业</td></tr>
<tr><td>工作规范及要求</td><td colspan="7">1. 带电作业工作应在良好天气下进行。如遇雷、雨、雪、雾天气不得进行带电作业。风力大于 5 级、湿度大于 80%时,一般不宜进行带电作业。
2. 本项作业需工作负责人(兼监护人)1 人,专责监护人 1 人,电缆不停电作业人员 4 人、倒闸操作人员 2 人,通过旁路系统完成更换低压开关和加装智能配变终端作业。
3. 工作负责人职责:负责本次工作任务的人员分工、工作票的宣读、办理线路停用重合闸、办理工作许可手续、召开工作班前会、工作中突发情况的处理、工作质量的监督、工作后的总结。
4. 电缆不停电作业人员职责:连接低压旁路负荷开关;铺设低压旁路电缆,辅助传递工器具。
5. 倒闸操作人员职责:负责开关倒闸操作。
6. 在带电作业中,如遇雷、雨、大风或其他任何情况威胁到工作人员的安全时,工作负责人或监护人可根据情况,临时停止工作。
给定条件:
1. 培训基地:0.4 kV 低压配电柜(房)。
2. 带电作业工作票已办理,安全措施已经完备,工作开始、工作终结时应口头提出申请(调度或考评员)。
3. 发电车、低压柔性电缆、绝缘工器具和个人防护用具等。
必须按工作程序进行操作,工序错误扣除应做项目分值,出现重大人身、器材和操作安全隐患,考评员可下令终止操作(考核)</td></tr>
<tr><td>考核情景
准备</td><td colspan="7">1. 线路:0.4 kV 低压配电柜(房),工作内容:发电车通过旁路系统给 0.4 kV 低压配电柜(房)旁路作业加装智能配变终端。
2. 所需作业工器具:发电车、个人防护用具、绝缘工器具、旁路系统装备、个人工器具。
3. 作业现场做好监护工作,作业现场安全措施(围栏等)已全部落实;禁止非作业人员进入现场,工作人员进入作业现场必须戴安全帽。
4. 考生自备工作服,阻燃纯棉内衣,安全帽,线手套</td></tr>
</table>

注:1. 出现重大人身、器材和操作安全隐患,考评员可下令终止操作。

2. 设备、作业环境、安全帽、工器具、绝缘工具和旁路设备等不符合作业条件,考评员可下令终止操作。

表 3-42　0.4 kV 低压配电柜(房)旁路作业加装智能配变终端技能培训考核评分细则

序号	项目名称	质量要求	分值	扣分标准	扣分原因	扣分	得分
1	现场复勘	(1)工作负责人到作业现场核对 0.4 kV 低压配电柜(房)名称及编号,确认箱体无漏电现象,现场是否满足作业条件。 (2)确认发电车容量是否满足负荷标准。 (3)检测风速、湿度等现场气象条件是否符合作业要求。 (4)检查地形环境是否满足 0.4 kV 发电车或应急电源车安置条件。 (5)检查带电作业工作票是否填写完整,无涂改,检查所列安全措施与现场实际情况是否相符,必要时予以补充	4	(1)未进行核对双重称号扣 1 分。 (2)未核实现场工作条件(气象)、缺陷部位扣 1 分。 (3)未检查发电车容量扣 2 分。 (4)未检查发电车作业环境扣 1 分。 (5)工作票填写出现涂改,每项扣 0.5 分,工作票编号有误,扣 1 分。工作票填写不完整,扣 1.5 分			
2	工作许可	(1)工作负责人向设备运行单位申请许可工作。 (2)经值班调控人员许可后,方可开始带电作业工作	1	(1)未联系运行部门(裁判)申请工作扣 1 分。 (2)汇报专业用语不规范或不完整各扣 0.5 分			
3	现场布置	正确装设安全围栏并悬挂标警牌: (1)安全围栏范围应充分考虑高处坠物,以及对道路交通的影响,安全围栏出入口设置合理。 (2)妥当布置“从此进出”“在此工作”等标示。 (3)作业人员将工器具和材料放在清洁、干燥的防潮苫布上。 (4)发电车正确顺线路分析停放在作业位置	3	(1)作业现场未装设围栏扣 0.5 分。 (2)未设立警示牌扣 0.5 分。 (3)工器具未分类摆放扣 2 分。 (4)发电车位置摆放不正确扣 1 分			

续表 3-42

序号	项目名称	质量要求	分值	扣分标准	扣分原因	扣分	得分
4	召开班前会	(1)全体工作成员正确佩戴安全帽、穿工作服。 (2)工作负责人穿红色背心,宣读工作票,明确工作任务及人员分工;讲解工作中的安全措施和技术措施;查(问)全体工作成员精神状态;告知工作中存在的危险点及采取的预控措施。 (3)全体工作成员在工作票上签名确认	2	(1)工作人员着装不整齐每人次扣0.5分。 (2)未进行分工本项不得分,分工不明扣1分。 (3)现场工作负责人未穿安全监护背心扣0.5分。 (4)工作票上工作班成员未签字或签字不全扣1分			
5	工器具检查	(1)工作人员按要求将工器具放在防潮苫布上;防潮苫布应清洁、干燥。 (2)工器具应按定置管理要求分类摆放;绝缘工器具不能与金属工具、材料混放;对工器具进行外观检查。 (3)绝缘工具表面不应磨损、变形损坏,操作应灵活。绝缘工具应使用2 500 V及以上绝缘电阻表进行分段绝缘检测,阻值应不低于700 MΩ,并用清洁干燥的毛巾将其擦拭干净。 (4)作业人员正确穿戴个人安全防护用品,工作负责人应认真检查是否穿戴正确。 (5)对旁路作业设备进行外观、绝缘性能检查。 (6)检查确认低压配电柜(房)负荷电流满足要求	4	(1)未使用防潮苫布并定置摆放工器具扣1分。 (2)未检查工器具试验合格标签及外观每项扣0.5分。 (3)未正确使用检测仪器对工器具进行检测每项扣1分。 (4)作业人员未正确穿戴安全防护用品,每人次扣2分。 (5)对旁路系统设备未进行检查,每项扣1分。 (6)未检测低压配电柜(房)负荷扣2分			

续表 3-42

序号	项目名称	质量要求	分值	扣分标准	扣分原因	扣分	得分
6	安装低压旁路负荷开关	在适当位置安装低压旁路负荷开关	1	(1)低压旁路负荷开关未固定牢固扣0.5分。 (2)低压旁路负荷开关没有外壳保护扣0.5分			
7	铺设旁路低压电缆至待更换低压开关电源侧	将旁路低压电缆一端铺设至待更换低压开关电源侧,另一端铺设至低压旁路负荷开关处	3	(1)未将旁路低压电缆放置在防潮苫布上,扣1分。 (2)过马路的电缆未用电缆盖板保护,扣1分。 (3)余缆未采用余缆支架固定,扣1分。 (4)操作电工未按相色连接,扣2分			
8	铺设旁路低压电缆至待更换低压开关负荷侧	将旁路低压电缆一端铺设至待更换低压开关负荷侧,另一端铺设至低压旁路负荷开关处	3	(1)未将旁路低压电缆放置在防潮苫布上,扣1分。 (2)过马路的电缆未用电缆盖板保护,扣1分。 (3)余缆未采用余缆支架固定,扣1分。 (4)操作电工未按相色连接,扣2分			
9	低压旁路系统检测	合上低压旁路负荷开关,对低压旁路系统进行绝缘电阻检测	2	未正确对旁路系统做绝缘检测,扣2分			

续表 3-42

序号	项目名称	质量要求	分值	扣分标准	扣分原因	扣分	得分
10	放电	检测合格后,低压旁路系统放电	3	未正确使用绝缘放电棒逐相放电,扣3分			
11	拉开低压旁路负荷开关	断开低压旁路负荷开关,确认断开状态	2	未正确使用万用表测量确认低压旁路负荷开关断开状态,扣2分。			
12	旁路低压电缆带电接入待更换低压开关电源侧	操作电工做好绝缘遮蔽和绝缘隔离措施,将旁路低压电缆按相色带电接入待更换低压开关电源侧	7	(1)操作电工升至适当位置,人体未与带电体保持安全距离,1次扣3分。 (2)遮蔽罩未将邻近带电部位和接地体完全遮蔽,扣1分。 (3)遮蔽罩未牢固可靠,发生掉落现象,扣1分。 (4)设置绝缘遮蔽时,未按照先近后远,先下后上,先带电体后接地体的顺序进行,1次扣2分			
13	旁路低压电缆带电接入待更换低压开关负荷侧	操作电工做好绝缘遮蔽和绝缘隔离,将低压旁路电缆按相色带电接入待更换低压开关负荷侧	7	(1)操作电工升至适当位置,人体未与带电体保持安全距离,1次扣3分。 (2)遮蔽罩未将邻近带电部位和接地体完全遮蔽,扣1分。 (3)遮蔽罩未牢固可靠,发生掉落现象,扣1分。 (4)设置绝缘遮蔽时,未按照先近后远,先下后上,先带电体后接地体的顺序进行,1次扣2分			

续表 3-42

序号	项目名称	质量要求	分值	扣分标准	扣分原因	扣分	得分
14	核相	在低压旁路负荷开关处核相	3	未确认低压旁路负荷开关两边相位一致，扣3分			
15	合上旁路低压负荷开关	核相正确后操作电工合上低压旁路负荷开关	2	地面操作电工未正确穿戴个人防护用具及电弧防护用品，扣2分			
16	确认旁路低压系统分流正常	用钳形电流表检测分流，确认低压旁路系统运行正常	3	未测量原线路、旁路低压电缆两个点运行正常，扣3分			
17	断开待更换低压开关	操作电工使用绝缘操作棒断开待更换低压开关	2	操作电工未正确穿戴个人防护用具及电弧防护用品，扣2分			
18	确认待更换低压开关断开状态	用钳形电流表检测电流，确认待更换低压开关已拉开	3	未测量原线路、旁路低压电缆两个点运行正常，扣3分			
19	拆除待更换低压开关负荷侧接线	操作电工做好绝缘遮蔽和绝缘隔离措施，将待更换低压开关负荷侧接线拆除	7	(1)操作电工升至适当位置，人体未与带电体保持安全距离，1次扣3分。 (2)遮蔽罩未将邻近带电部位和接地体完全遮蔽，扣1分。 (3)遮蔽罩未牢固可靠，发生掉落现象，扣1分。 (4)设置绝缘遮蔽时，未按照先近后远，先下后上，先带电体后接地体的顺序进行，1次扣2分			

续表 3-42

序号	项目名称	质量要求	分值	扣分标准	扣分原因	扣分	得分
20	拆除待更换低压开关电源侧接线	操作电工做好绝缘遮蔽和绝缘隔离措施，将待更换低压开关电源侧接线拆除	6	(1)操作电工升至适当位置，人体未与带电体保持安全距离，1 次扣 3 分。 (2)遮蔽罩未将邻近带电部位和接地体完全遮蔽，扣 1 分。 (3)遮蔽罩未牢固可靠，发生掉落现象，扣 1 分。 (4)设置绝缘遮蔽时，未按照先近后远，先下后上，先带电体后接地体的顺序进行，1 次扣 2 分			
21	检修	更换低压开关及加装智能终端 TTU	4	未正确加装 TTU，扣 4 分			
22	确认新换低压开关断开	检查确认新换低压开关断开状态	3	未使用万用表检查确认新换低压开关断开状态，扣 3 分			
23	连接新换低压开关电源侧接线	操作电工做好绝缘遮蔽和绝缘隔离措施，将新换低压开关电源侧接线按相色连接	7	(1)操作电工升至适当位置，人体未与带电体保持安全距离，1 次扣 3 分。 (2)遮蔽罩未将邻近带电部位和接地体完全遮蔽，扣 1 分。 (3)遮蔽罩未牢固可靠，发生掉落现象，扣 1 分。 (4)连接完成后，未同时恢复绝缘，扣 2 分。 (5)设置绝缘遮蔽时，未按照先近后远，先下后上，先带电体后接地体的顺序进行，1 次扣 2 分。 (6)拆除绝缘遮蔽罩顺序错误，1 次扣 2 分			

续表 3-42

序号	项目名称	质量要求	分值	扣分标准	扣分原因	扣分	得分
24	连接新换低压开关负荷侧接线	操作电工做好绝缘遮蔽和绝缘隔离措施，将新换低压开关负荷侧接线按相色连接	3	(1)操作电工升至适当位置，人体未与带电体保持安全距离，1 次扣 3 分。 (2)遮蔽罩未将邻近带电部位和接地体完全遮蔽，扣 1 分。 (3)遮蔽罩未牢固可靠，发生掉落现象，扣 1 分。 (4)连接完成后，未同时恢复绝缘，扣 2 分。 (5)设置绝缘遮蔽时，未按照先近后远，先下后上，先带电体后接地体的顺序进行，1 次扣 2 分。 (6)拆除绝缘遮蔽罩顺序错误，1 次扣 2 分			
25	核相	在新换低压开关两侧核相	2	未确认新换低压开关两侧相位一致，扣 2 分			
26	合上新换低压开关	核相正确后合上新换低压开关	2	地面操作电工未正确穿戴个人防护用具及电弧防护用品，扣 2 分			
27	确认新换低压开关线路分流正常	用钳形电流表检测分流，确认分流正常	3	未测量原线路、旁路低压电缆两个点运行正常，扣 3 分			
28	断开低压旁路负荷开关	操作电工断开低压旁路负荷开关	2	操作电工未正确穿戴个人防护用具及电弧防护用品，扣 2 分			

续表 3-42

序号	项目名称	质量要求	分值	扣分标准	扣分原因	扣分	得分
29	工作结束	(1)工作负责人组织班组成员清理现场。 (2)召开班后会,工作负责人做工作总结和点评工作。 (3)评估本项工作的施工质量。 (4)点评班组成员在作业中的安全措施的落实情况。 (5)点评班组成员对规程规范的执行情况。 (6)办理带电作业工作票终结手续	6	(1)工器具未清理扣2分。 (2)工器具有遗漏扣2分。 (3)未开班后会扣2分。 (4)未拆除围栏扣2分。 (5)未办理带电作业工作票终结手续扣2分			
合计			100				

第七节　0.4 kV 架空线路临时取电向配电柜供电

一、培训标准

（一）培训要求

0.4 kV 架空线路临时取电向配电柜供电培训要求见表 3-43。

表 3-43　0.4 kV 架空线路临时取电向配电柜供电培训要求

名称	0.4 kV 架空线路临时取电向配电柜供电	培训类别	操作类
培训方式	实操培训	培训学时	14 学时
培训目标	1. 熟悉 0.4 kV 架空线路临时取电向配电柜供电的操作流程。 2. 能在实训场地完成 0.4 kV 架空线路临时取电向配电柜供电的操作		
培训场地	0.4 kV 低压带电作业实训线路		
培训内容	在 0.4 kV 架空线路与低压配电箱之间敷设低压柔性电缆，完成通过 0.4 kV 架空线路临时取电向低压配电柜供电的操作		
适用范围	0.4 kV 绝缘手套作业法进行 0.4 kV 架空线路临时取电向配电柜供电工作		

（二）引用规程规范

《配电线路带电作业技术导则》（GB/T 18857—2019）；

《交流 1 kV、直流 1.5 kV 及以下带电作业用手工通用技术条件》（GB/T 18269—2008）；

《10 kV 配网不停电作业规范》（Q/GDW 10520—2016）；

《配网设备缺陷分类标准》（Q/GDW 745—2012）；

《配网抢修规程》（Q/GDW 11261—2014）；

《国家电网公司电力安全工作规程（配电部分）（试行）》（国家电网安质〔2014〕265 号）。

（三）培训教学设计

本项目以完成“0.4 kV 架空线路临时取电向配电柜供电”为工作任务，按工作任务的标准化作业流程来设计各个培训阶段，每个阶段包括具体的培训目标、培训内容、培训学时、培训方法（培训资源）、培训环境和考核评价等内容，如表 3-44 所示。

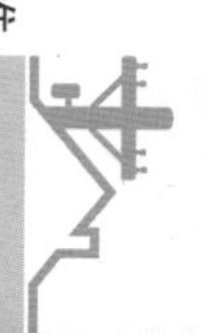

表 3-44 0.4 kV 架空线路临时取电向配电柜供电培训内容设计

培训流程	培训目标	培训内容	培训学时	培训方法与资源	培训环境	考核评价
1. 理论教学	1. 熟悉 0.4 kV 配网不停电作业的作业条件。 2. 熟悉 0.4 kV 架空线路临时取电向配电柜供电所需工器具及材料检查方法。 3. 掌握取电路径旁路系统敷设方法。 4. 熟悉 0.4 kV 架空线路临时取电向配电柜供电操作流程	1. 0.4 kV 配网不停电作业温度、空气湿度、风速等天气要求。 2. 正确检查本项目所涉及的个人防护用具、绝缘操作用具、绝缘遮蔽用具、个人工具和材料。 3. 在 0.4 kV 低压架空线路与低压配电柜之间搭建临时旁路供电系统。 4. 0.4 kV 架空线路临时取电向配电柜供电操作流程	2	培训方法：讲授法。 培训资源：PPT、相关规程规范	多媒体教室	考勤、课堂提问和作业
2. 准备工作	能完成作业前准备工作	1. 作业现场查勘。 2. 编制培训标准化作业卡。 3. 填写培训带电作业工作票。 4. 完成本操作的工器具及材料准备	1	培训方法： 1. 现场查勘和工器具及材料清理采用现场实操方法。 2. 编写作业卡和填写工作票采用讲授方法。 培训资源： 1. 0.4 kV 架空线路。 2. 实训用低压配电柜。 3. 0.4 kV 带电作业工器具库房。 4. 空白工作票	1. 0.4 kV 架空线路。 2. 实训用低压配电柜。 3. 多媒体教室	

续表 3-44

培训流程	培训目标	培训内容	培训学时	培训方法与资源	培训环境	考核评价
3. 作业现场准备	能完成作业现场准备工作	1. 作业现场复勘。 2. 工作申请。 3. 作业现场布置。 4. 班前会。 5. 工器具及材料检查	1	培训方法： 演示与角色扮演法。 培训资源： 1. 0. 4 kV 架空线路。 2. 实训用低压配电柜。 3. 工器具及材料	1. 0.4 kV 架空线路。 2. 实训用低压配电柜	
4. 培训师演示	通过现场演示 0. 4 kV 架空线路临时取电向配电柜供电作业全过程，学员观摩并初步领会本任务的操作要领和操作流程	1. 作业人员穿戴好全套绝缘服及防电弧装备，并由工作负责人做好检查。 2. 确认运行线路负荷电流。 3. 低压综合抢修车（绝缘斗臂车）检查及空斗试操作。 4. 展放并连接旁路设备。 5. 对旁路柔性电缆进行绝缘和通路试验。 6. 斗内电工进入绝缘斗臂车，操作绝缘斗到工作位置，并验电。 7. 对带电部分进行绝缘遮蔽。 8. 在作业杆上加装余缆支架，并固定低压柔性电缆。 9. 将低压柔性电缆与架空线连接。 10. 将低压旁路电缆与配电柜连接。 11. 在负荷开关两端核相。 12. 断开配电柜低压负荷。 13. 低压负荷转移。 14. 工作验收	1	培训方法： 演示法。 培训资源： 1. 0. 4 kV 架空线路。 2. 实训用低压配电柜	1. 0. 4 kV 架空线路。 2. 实训用低压配电柜	

续表 3-44

培训流程	培训目标	培训内容	培训学时	培训方法与资源	培训环境	考核评价
5. 学员分组训练	1. 能完成作业前的工器具检查及绝缘防电弧服装的穿戴。 2. 能在实训线路和设备上完成 0.4 kV 架空线路临时取电向配电柜供电作业全过程操作	1. 学员分组（10 人一组）训练 0.4 kV 架空线路临时取电向配电柜供电作业的技能操作。 2. 培训师对学员操作进行指导和安全监护	8	培训方法： 角色扮演法。 培训资源： 1. 0.4 kV 架空线路。 2. 实训用低压配电柜。 3. 工器具和材料	1. 0.4 kV 架空线路。 2. 实训用低压配电柜	采用技能考核评分细则对学员操作评分
6. 工作终结	1. 使学员进一步辨析操作过程的不足之处，便于后期提升。 2. 培训学员安全文明生产的工作作风	1. 作业现场清理。 2. 向工作许可人汇报终结工作。 3. 班后会，对本次工作任务进行点评总结	1	培训方法： 讲授和归纳法	作业现场	

（四）作业流程

1. 工作任务

在0.4 kV实训线路和设备上完成0.4 kV架空线路临时取电向配电柜供电工作。

2. 天气及作业现场要求

（1）应在良好的天气进行。

如遇雷电（听见雷声、看见闪电）、雪、雹、雨、雾等，禁止进行带电作业。当风力大于5级，或空气相对湿度大于80%时，不宜进行带电作业；恶劣天气下必须开展带电抢修时，应组织有关人员充分讨论并编制必要的安全措施，经本单位批准后方可进行。

（2）作业人员精神状态良好，无妨碍作业的生理障碍和心理障碍。熟悉工作中保证安全的组织措施和技术措施；应持有在有效期内的低压带电作业资质证书。

（3）工作负责人应事先组织相关人员完成现场勘察，根据勘察结果做出能否进行不停电作业的判断，并确定作业方法及应采取的安全技术措施，确定本次作业方法和所需工器具，并办理带电作业工作票。

（4）作业现场应合理设置围栏，并妥当布置警示标示牌，禁止非工作人员入内。

3. 准备工作

1）危险点及其预控措施

（1）危险点——触电伤害。

预控措施：

①工作中，工作负责人应履行监护职责，不得兼作其他工作，要选择便于监护的位置，监护的范围不得超过一个作业点。

②正确穿戴绝缘防护用品，在低压配电柜旁边设置好绝缘垫，所使用的绝缘工器具使用前应进行外观检查及绝缘性能检测，防止设备损坏或有缺陷未及时发现造成人身、设备事故。

③旁路电缆设备投运前应进行外观检查及绝缘性能检测，防止设备损坏或有缺陷未及时发现造成人身、设备事故。

④作业前需检测确认配电箱负荷电流小于旁路设备额定电流值，拆除旁路作业设备前，各相柔性电缆应充分放电。

⑤作业前需对架空导线及低压配电柜外壳进行验电，确保外壳无电后，从侧面缓慢打开柜门。

⑥在带电作业过程中如设备突然停电，作业人员应视设备仍然带电。作业过程中绝缘工具金属部分应与接地体保持足够的安全距离。

⑦在低压配电柜（房）进行配网不停电作业时，作业人员应穿戴防电弧能力不小于113.02 J/cm^2（27.0 cal/cm^2）的防电弧服装，穿戴相应防护等级的防电弧头罩（或面屏）和防电弧手套、鞋罩；在配电柜附近的工作负责人（监护人）及其他配合人员应穿戴防电弧能力不小于28.46 J/cm^2（6.8 cal/cm^2）的防电弧服装，穿戴相应防护等级的防电弧手套，佩戴护目镜或防电弧面屏。

（2）危险点——设备损坏。

预控措施：

①敷设旁路电缆时应设围栏，在路口应采用过街保护盒或架空敷设并设专人看守。

②敷设旁路电缆时，须由多名作业人员配合使旁路电缆离开地面整体敷设，防止旁路电缆与地面摩擦。连接旁路电缆时，电缆连接器按规定要求涂绝缘脂。

③旁路负荷开关两侧的旁路电缆连接应核对分相标志，保证相色的一致。

④旁路电缆与架空导线及低压配电箱的连接过程中，必须核对相色标记，确认每相连接正确，在进行负荷转移前应确认两侧相序一致。

⑤旁路电缆运行期间，应派专人看守、巡视，防止行人碰触。防止重型车辆碾压。

(3)危险点——现场管理混乱造成人身事故或设备事故。

预控措施：

①工作中，工作负责人应履行监护职责，不得兼作其他工作，监护的范围不得超过一个作业点。

②每项工作开始前和结束后，每组工作完成小组负责人应向现场总工作负责人汇报。

③严格按照倒闸操作票进行操作，并执行唱票制。

④作业现场设置围栏并挂好警示标示牌。监护人员应随时注意，禁止非工作人员及车辆进入作业区域。

2)工器具及材料选择

0.4 kV架空线路临时取电向配电柜供电作业所需工器具及材料见表3-45。工器具出库前，应认真核对工器具的使用电压等级和试验周期，并检查确认外观良好、连接牢固、转动灵活，且符合本次工作任务的要求；工器具出库后，应存放在工具袋或工具箱内进行运输，防止脏污、受潮；金属工具和绝缘工器具应分开装运，防止因混装运输导致工器具变形、损伤等现象发生。

表3-45 0.4 kV架空线路临时取电向配电柜供电作业所需工器具及材料

序号	工器具名称		规格、型号	单位	数量	说明
1	个人防护用具	绝缘手套	1 kV	副	3	
2		绝缘鞋		双	3	
3		个人防电弧用品	27 cal/cm^2	套	3	室外作业防电弧能力不小于6.8 cal/cm^2；配电柜等封闭空间作业不小于25.6 cal/cm^2
4		双控背带式安全带		副	2	(如需要)
5		安全帽		顶	9	
6		毛巾	棉质	条	2	

续表 3-45

序号	工器具名称		规格、型号	单位	数量	说明
7	绝缘遮蔽用具	绝缘毯	1 kV	张	若干	
8		导线遮蔽罩	1 kV	个	若干	
9		绝缘毯夹		个	若干	
10		绝缘隔板		块	若干	
11	绝缘个人工器具	钳子	1 kV	把	2	
12		活络扳手	1 kV	把	2	根据现场实际需要配置
13		个人绝缘手工工具		套	1	
14		绝缘套筒扳手		套	1	
15	仪器仪表	钳形电流表		只	1	
16		风力、温湿度仪		个	1	根据现场实际需要配置
17		低压验电器	0.4 kV	只	1	
18		绝缘电阻检测仪	500 V	只	1	
19		相序表		只	1	
20	旁路作业装备	旁路电缆	1 kV	m	若干	
21		快速插拔旁路电缆直通连接器	1 kV	个	若干	
22		旁路电缆接线保护盒		个	若干	
23		旁路电缆终端	1 kV	个	若干	
24		旁路电缆防护盖板、防护垫布等		块	若干	
25		旁路电缆展放设备		套	1	
26		旁路负荷开关	0.4 kV	台	1	
27		绝缘横担	0.4 kV	个	1	
28	辅助工具	放电棒		副	1	
29		防潮垫或苫布		块	1	根据现场实际需要配置
30		安全警示带(牌)		套	3	
31		围栏		只	若干	
32		对讲机		个	3	根据现场实际情况确定

续表 3-45

序号	工器具名称		规格、型号	单位	数量	说明
33	承载(升降)工具	低压综合抢修车		辆	1	绝缘斗臂车、绝缘梯、绝缘平台可替代

3)作业人员分工

本任务作业人员要求如表 3-46 所示。

表 3-46　0.4 kV 架空线路临时取电向配电柜供电工作人员要求

序号	工作岗位	数量(人)	工作职责
1	工作负责人	1	负责组织现场勘查,标准化作业指导书以及工作票的办理,指挥现场施工作业
2	专责监护人	2	负责作业电工全过程作业的监护
3	电缆不停电作业人员	5	负责本次作业过程中柔性电缆的敷设,电缆终端接头,中间接头、旁路负荷开关的安装、连接以及相关的倒闸操作和核相工作
4	旁路开关操作和电流检测	1	负责旁路开关操作和电流检测

4. 工作流程

本任务工作流程如表 3-47 所示。

表 3-47　0.4 kV 架空线路临时取电向配电柜供电工作流程

序号	作业内容	作业步骤及标准	安全措施及注意事项	责任人
1	现场复勘	工作负责人负责完成以下工作: (1)核对工作线路和配电箱(柜)名称及编号,确认箱体无漏电现象,检查配电柜、线路装置是否具备带电作业条件。 (2)测量风速、湿度等现场气象条件是否符合带电作业要求。 (3)检查带电作业工作票所列安全措施与现场实际情况是否相符,必要时予以补充	(1)正确穿戴安全帽、工作服、工作鞋、劳保手套。 (2)工作线路和配电箱(柜)名称及编号核对无误。 (3)不得在危及作业人员安全的气象条件下作业。 (4)严禁非工作人员、车辆进入作业现场,防止触电伤害	

续表 3-47

序号	作业内容	作业步骤及标准	安全措施及注意事项	责任人
2	工作许可	(1)工作负责人向设备运维管理单位联系,申请许可工作。 (2)经设备运维管理单位许可后,方可开始带电作业工作	(1)汇报内容为工作负责人姓名、工作任务和计划工作时间。 (2)未经设备运维管理单位许可,不得擅自开始工作	
3	现场布置	正确装设安全围栏并悬挂标示牌: (1)安全围栏范围应充分考虑高处坠物,以及对道路交通的影响。 (2)安全围栏出入口设置合理。 (3)妥当布置"从此进出""在此工作"等标示。 (4)作业人员将工器具和材料放在清洁、干燥的防潮苫布上	(1)对道路交通安全影响不可控时,应及时联系交通管理部门强化现场交通安全管控。 (2)工器具应分类摆放。 (3)绝缘工器具不能与金属工具、材料混放	
4	召开班前会	(1)全体工作成员列队。 (2)工作负责人宣读工作票,明确工作任务及人员分工;交代工作中的安全措施和技术措施;告知工作中存在的危险点及采取的预控措施;查(问)全体工作成员精神状态。 (3)全体工作成员在带电作业工作票上签字确认	(1)工作票填写、签发和许可手续规范,签字完整。 (2)全体工作成员精神状态良好。 (3)全体工作成员明确任务分工、安全措施和技术措施	
5	检查绝缘工器具及个人防护用品	(1)检查绝缘工具、防护用具性能完好,并在试验周期内。 (2)使用绝缘电阻检测仪对绝缘工具进行绝缘检测。 (3)对双控背带式安全带进行外观检查,并做冲击试验。 (4)对低压综合抢修车(绝缘斗臂车)进行外观检查及空斗试验	(1)金属、绝缘工具使用前,应仔细检查其是否损坏、变形、失灵。绝缘工具应使用 2 500 V 及以上绝缘电阻表进行分段绝缘检测,阻值应不低于 700 MΩ,并在试验周期内,用清洁干燥的毛巾将其擦拭干净。 (2)个人安全防护用品外观完好,试验合格证在有效期内;个人绝缘手工工具外观完好,绝缘层无破损,无金属部分外露。 (3)作业前确认低压综合抢修车(绝缘斗臂车)满足要求	
6	确认运行线路负荷电流	确认运行线路负荷电流小于旁路负荷开关开断电流	在测量电流时使用合格的钳型电流表,佩戴绝缘手套	

续表 3-47

序号	作业内容	作业步骤及标准	安全措施及注意事项	责任人
7	旁路系统的敷设	(1)电缆施放全程沿路铺设防水布及电缆保护板。注意保护板前后一致并预留出接头盒位置。 (2)在待供电低压侧设备与低压架空线路之间敷设旁路电缆,对旁路电缆进行分段绑扎固定。 (3)接头盒、旁路负荷开关按序摆放,旁路负荷开关外壳需接地	(1)敷设旁路电缆时,须由多名作业人员配合使旁路电缆离开地面整体敷设,防止旁路电缆与地面摩擦。 (2)连接旁路作业设备前,应对各接口进行清洁和润滑:用清洁纸或清洁布、无水酒精或其他清洁剂清洁;确认绝缘表面无污物、灰尘、水分、损伤。在插拔界面均匀涂抹硅脂。 (3)检查和确认各部分连接良好	
8	旁路系统绝缘检测	(1)工作负责人组织作业人员对旁路电缆进行外观检查。 (2)对整套旁路电缆设备进行绝缘检测并放电	(1)旁路电缆表面应无明显磨损或破损情况。 (2)旁路系统绝缘电阻不应小于700 MΩ。 (3)绝缘电阻检测后必须对每相电缆充分放电	
9	从架空线路临时取电给低压配电箱(柜)供电	(1)低压综合抢修车(绝缘斗臂车)斗内作业人员穿戴好全套防护装备进入工作斗,到达作业位置,验电、进行绝缘遮蔽、在电杆上安装绝缘横担,旁路电缆上杆固定。 (2)确认旁路负荷开关在分闸位置,在低压架空线路上连接低压旁路电缆。 (3)将低压旁路电缆与配电柜连接。验明配电箱(柜)外壳无电后,在配电箱内可能触及的带电部位设置绝缘隔离措施、在配电箱出线备用开关下端口接入低压旁路电缆,并合上备用出线开关。 (4)在负荷开关两端核相,确保受电侧配电箱出线负荷与架空线路相序一致。 (5)断开配电柜低压负荷。断开受电配电箱连接低压旁路电缆的备用开关,依次拉开受电配电箱各路出线开关,再拉开受电配电箱进线开关(或闸刀),并确认。	(1)作业人员进入工作斗前,应对低压综合抢修车进行空斗试操作,且由工作负责人检查穿戴情况。绝缘遮蔽措施应严密和牢固。 (2)禁止在负荷开关合闸状态连接柔性电缆。 (3)安装绝缘隔板时动作必须轻缓,与配电箱带电体必须保持应有安全距离。 (4)低压临时电源接入前应确认两侧相序一致。	

续表 3-47

序号	作业内容	作业步骤及标准	安全措施及注意事项	责任人
9	从架空线路临时取电给低压配电箱(柜)供电	(6)低压负荷转移。验明出线开关下口处确无电压,依次合上低压旁路负荷开关、连接柔性电缆的备用出线开关、配电箱(柜)其他各路低压出线开关,每合上一个开关进行一次电流检测,确保旁路系统正常运行。 (7)每隔半小时应检查整套旁路系统运行情况。 (8)进行台区停电检修。 (9)按照投运低压旁路系统相反的步骤拆除低压旁路系统并恢复原运行方式	(5)断开配电箱低压负荷时,执行倒闸操作命令,并穿戴全套绝缘和防电弧装备。 (6)在送电过程中应按照从电源侧依次向负荷侧送电的顺序,且执行倒闸操作流程。 (7)旁路柔性电缆拆除前必须充分放电	
10	工作结束	(1)工作负责人组织班组成员清理现场。 (2)召开班后会,工作负责人做工作总结和点评工作。 (3)评估本项工作的施工质量。 (4)点评班组成员在作业中的安全措施的落实情况。 (5)点评班组成员对规程规范的执行情况 (6)办理工作终结手续:工作负责人向设备运维管理单位汇报工作结束,并终结带电作业工作票	(1)将工器具清洁后放入专用的箱(袋)中。 (2)清理现场,做到工完料尽场地清 (3)带电作业工作票终结手续正确、规范	

二、考核标准

该模块的0.4 kV架空线路临时取电向配电柜供电技能培训考核评分表、评分细则见表3-48、表3-49。

表 3-48 0.4 kV 架空线路临时取电向配电柜供电技能培训考核评分表

考生填写栏	编号： 姓 名： 所在岗位： 单 位： 日 期： 年 月 日						
考评员填写栏	成绩： 考评员： 考评组长： 开始时间： 结束时间： 操作时长：						
考核模块	0.4 kV 架空线路临时取电向配电柜供电	考核对象	0.4 kV 配网不停电作业人员	考核方式	操作	考核时限	120 min
任务描述	在 0.4 kV 架空线路与低压配电箱之间敷设低压柔性电缆，完成通过 0.4 kV 架空线路临时取电向低压配电柜供电的操作						
工作规范及要求	1. 带电作业工作应在良好天气下进行。如遇雷、雨、雪、雾天气不得进行带电作业。风力大于 5 级、湿度大于 80%时，一般不宜进行带电作业。 2. 本项作业共需：9 人：现场总工作负责人 1 人；小组工作负责人（监护人）2 人；电缆不停电作业人员 4 人；倒闸操作 2 人。 3. 工作负责人职责：负责组织现场勘查，标准化作业指导书以及工作票的办理，指挥现场施工作业。 4. 专责监护人：负责作业电工全过程作业的监护；作业过程中监护人不得从事其他与监护工作无关的任何事情。 5. 电缆不停电作业人员：负责本次作业过程中柔性电缆的敷设，电缆终端接头、中间接头、旁路负荷开关的安装、连接以及相关的倒闸操作和核相工作。 6. 地面辅助人员：地面电缆铺设人员：配合作业电工进行柔性电缆的展放以及连接，工器具检查等工作。 7. 在带电作业中，如遇雷、雨、大风或其他任何情况威胁到工作人员的安全时，工作负责人或监护人可根据情况，临时停止工作。 给定条件： 1. 培训基地：0.4 kV 配电柜 1 台，现场满足柔性电缆从架空线路临时取电给配电柜供电的工作条件。 2. 带电作业工作票已办理，安全措施已经完备，工作开始、工作终结时应口头提出申请（设备运维管理单位或考评员）。 3. 全绝缘个人手工工器具和个人防护用具等。 必须按工作程序进行操作，工序错误扣除应做项目分值，出现重大人身、器材和操作安全隐患，考评员可下令终止操作（考核）						
考核情景准备	1. 设备：0.4 kV 低压架空线路、低压配电柜，工作内容：在 0.4 kV 架空线路与低压配电箱之间敷设低压柔性电缆，完成通过 0.4 kV 架空线路临时取电向低压配电柜供电的操作。 2. 所需作业工器具：绝缘防护用具：绝缘手套 4 双、绝缘裤 4 条、绝缘披肩 4 套、防电弧服 4 套；绝缘工具：绝缘操作杆；旁路作业设备：连接型柔性电缆若干、终端连接型柔性电缆 8 根、直线连接头若干、电缆保护盖板若干、低压旁路负荷开关 1 台；其他工器具：伸缩式钳形电流表、电工工具 2 套、2 500 V 兆欧表 1 只、风速仪 1 只、温湿度仪 1 只；对讲机 4 台、防潮苫布 1 张、低压验电器、围栏、警示牌、红马甲等。 3. 作业现场做好监护工作，作业现场安全措施（围栏等）已全部落实；禁止非作业人员进入现场，工作人员进入作业现场必须戴安全帽。 4. 考生自备全套工作服、安全帽、线手套						

注：1. 出现重大人身、器材和操作安全隐患，考评员可下令终止操作。
2. 设备、作业环境、安全帽、工器具、绝缘工具等不符合作业条件，考评员可下令终止操作。

表 3-49　0.4 kV 架空线路临时取电向配电柜供电技能培训考核评分细则

序号	项目名称	质量要求	分值	扣分标准	扣分原因	扣分	得分
1	准备阶段		20				
1.1	规范着装	统一着装，着装整洁；精神饱满，列队整齐	2	(1)未统一着装扣1分/人。 (2)精神状态不佳扣1分/人。 (3)队容松散扣1分			
1.2	现场复勘	(1)工作负责人核对工作线路和配电箱(柜)名称及编号。 (2)工作负责人检查配电柜、线路装置是否具备带电作业条件。 (3)工作负责人检查气象条件是否符合作业要求。 (4)工作负责人检查工作票所列安全措施是否正确完备，是否符合现场作业条件，必要时予以补充	2	(1)未进行现场复勘不得分。 (2)复勘漏项扣1分/项(设备名称、编号，线路名称、杆号、杆基，杆身、交叉跨越、金具、绝缘子、作业点安全距离)。 (3)未检查气象条件是否符合作业要求扣1分			
1.3	布置并完善现场围栏	现场布置并完善围栏，围栏装设范围应大于作业范围，阻止无关人员进入作业现场	2	(1)未装设现场安全围栏本项不得分。 (2)现场安全围栏未设置完善扣1分。 (3)未阻止非作业人员进入作业现场扣1分			

续表 3-49

序号	项目名称	质量要求	分值	扣分标准	扣分原因	扣分	得分
1.4	工作负责人向考评员递交工作票	工作票填写内容应正确、完整、票面整洁	2	(1)无工作票不得分。 (2)填写错误扣1分/项。 (3)安全措施填写漏项扣1分/项。 (4)票面关键字涂改、不整洁扣1分			
1.5	向考评员(设备运维管理单位)申请工作许可	工作负责人现场向考评员(设备运维管理单位)申请工作许可,并复诵,履行相关许可手续,声音清楚洪亮	2	(1)未向考评员申请工作任务,擅自开工不得分。 (2)未复诵许可内容扣1分。 (3)许可后未完善签字手续扣1分。 (4)申请工作表述不清楚、漏项扣1分/项(申请人姓名、单位,工作任务、线路名称、电压等级)			
1.6	班前会	(1)工作班成员列队,工作负责人宣读工作票。 (2)工作负责人交代工作任务、人员分工,交代工作中的安全措施和技术措施;查(问)工作班组成员精神状态;告知工作中存在的危险点及采取的预控措施。 (3)工作负责人询问班组各成员对工作任务分工、安全措施和技术措施是否明确。 (4)班组各成员清楚工作任务后在工作票上签名确认	3	(1)未进行分工不得分。 (2)负责人未穿红马甲扣1分。 (3)分工不明扣1分。 (4)安全措施交代不全扣1分。 (5)工作票现场签字确认,缺签扣1分/人			

续表 3-49

序号	项目名称	质量要求	分值	扣分标准	扣分原因	扣分	得分
1.7	工器具检查及定置摆放	(1)所有工器具检查合格，并在试验有效期内。 (2)使用 2 500 V 及以上的绝缘电阻检测仪分段检测绝缘工具的表面绝缘电阻值，其阻值不得低于 700 MΩ。 (3)工器具材料定置摆放。 (4)绝缘工器具应放在防潮苫布上。 (5)检查人员应戴清洁、干燥的手套。 (6)个人安全防护用具和遮蔽、隔离用具应无针孔、砂眼、裂纹	4	(1)未进行绝缘检测扣 4 分。 (2)未定置摆放扣 1 分。 (3)未检查试验合格标签扣 1 分。 (4)未进行外观检查扣 1 分。 (5)检查时未使用清洁、干燥的手套扣 1 分。 (6)检测方法不正确扣 1 分			
1.8	穿戴个人防护用具	(1)作业电工正确穿戴、使用防护用具。 (2)工作负责人检查是否穿戴正确	3	(1)未正确穿戴、使用防护用具扣 2 分/件。 (2)工作负责人未检查穿戴情况扣 1 分			
2	作业阶段		70				
2.1	摆放低压综合抢修车(绝缘斗臂车)	(1)支腿平稳、牢固。 (2)斗臂车可靠接地	2	(1)未检查支腿情况扣 2 分。 (2)车身未接地线扣 2 分。 (3)接地不牢固、深度不够扣 1 分			
2.2	确认运行线路负荷电流	确认运行线路负荷电流小于旁路负荷开关开断电流	2	(1)未确认运行线路负荷电流本项不得分。 (2)检测方法不正确扣 1 分			

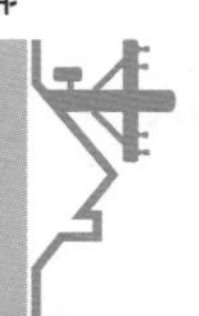

续表 3-49

序号	项目名称	质量要求	分值	扣分标准	扣分原因	扣分	得分
2.3	低压综合抢修车(绝缘斗臂车)检查及空斗试操作	(1)绝缘斗臂车空斗试操作:上、下、左、右转动灵活。 (2)液压系统正常,无漏油现象。 (3)检查绝缘斗臂车绝缘部分无污损	2	(1)未进行空斗试操作不得分。 (2)空斗试操作不正确扣 1 分。 (3)液压系统检查不正确扣 1 分。 (4)未检查绝缘斗臂车绝缘部分污损情况扣 1 分			
2.4	展放旁路设备	(1)柔性电缆施放全程沿路铺设防水布及电缆保护板。注意保护板前后一致及预留出接头盒位置。 (2)在作业处展放柔性电缆,接头盒、旁路负荷开关按序摆放,旁路负荷开关应可靠固定并将外壳接地。 (3)柔性电缆在展放过程中不应与地面摩擦,避免绝缘受到损伤	7	(1)未敷设防护垫扣 2 分。 (2)防护垫敷设不合格扣 2 分。 (3)未正确敷设旁路设备扣 2 分。 (4)旁路设备金属外壳未接地扣 2 分/处。 (5)旁路设备金属外壳接地不合格扣 1 分/处。 (6)展放过程中柔性电缆与地面发生摩擦,扣 5 分			
2.5	连接旁路设备	(1)低压旁路电缆与负荷开关两侧连接。 (2)连接柔性电缆时,仔细清理电缆插头、插座,并按规定要求涂硅脂。 (3)检查低压旁路电缆与负荷开关两侧连接情况	4	(1)未清理电缆插头、插座扣 3 分。 (2)未按规定要求涂硅脂扣 3 分。 (3)各部件连接不可靠扣 3 分/处			

续表 3-49

序号	项目名称	质量要求	分值	扣分标准	扣分原因	扣分	得分
2.6	绝缘电阻检测	(1)合上低压旁路负荷开关。 (2)对整套旁路系统进行绝缘电阻检测。 (3)绝缘电阻检测后进行放电。 (4)断开低压旁路负荷开关	7	(1)未对整套旁路系统进行绝缘电阻检测扣3分。 (2)对旁路系统进行绝缘电阻检测不正确扣3分。 (3)绝缘电阻检测后未正确进行放电扣2分。 (4)绝缘电阻检测前未合上负荷开关扣3分。 (5)绝缘电阻检测后未断开负荷开关扣3分			
2.7	进斗	(1)斗内电工进入绝缘斗,系好安全带。 (2)地面电工将作业所使用工器具传递至斗内	2	(1)斗内作业人员未穿绝缘服和防电弧服扣2分。 (2)斗内作业人员未系安全带不得分。 (3)斗内作业人员未正确使用安全带扣2分			
2.8	移动绝缘斗	(1)绝缘斗移动应匀速、平稳。 (2)绝缘斗移动速度不得大于0.5 m/s。 (3)到达带电体附近时,进行验电	2	(1)绝缘斗车操作晃动过大扣1分/次。 (2)绝缘斗车操作移动速度过快扣1分。 (3)绝缘斗移动过程碰触电杆或导线扣2分。 (4)斗内工器具摆放不整齐或未固定扣2分。 (5)不验电或验电顺序错误扣2分			

续表 3-49

序号	项目名称	质量要求	分值	扣分标准	扣分原因	扣分	得分
2.9	绝缘遮蔽	(1)按由低到高,由下到上的原则对邻近带电部件和需遮蔽的带电体进行绝缘遮蔽。 (2)绝缘之间相互重叠不小于 150 mm	5	(1)对不满足安全距离未进行绝缘遮蔽的不得分。 (2)绝缘遮蔽顺序错误扣 3 分。 (3)绝缘遮蔽不严扣 3 分。 (4)绝缘遮蔽重叠部分小于 150 mm 的扣 3 分			
2.10	在作业杆上加装余缆支架	(1)余缆支架要安装合理。 (2)安装余缆支架时与带电体保证足够的安全距离,距离不满足时进行有效绝缘遮蔽	3	(1)余缆支架安装不合理扣 2 分。 (2)安装余缆支架时与带电体的距离不满足安全距离,又未进行绝缘遮蔽的扣 3 分			
2.11	固定低压柔性电缆	作业电工与地面电工配合将低压柔性电缆固定在余缆支架上	2	低压柔性电缆未固定良好的扣 2 分			
2.12	将低压柔性电缆与架空线连接	(1)确认低压负荷开关在断开位置。 (2)对连接点进行打磨,清除氧化层。 (3)连接点应牢固、可靠。 (4)按照先接零线,再接相线的顺序在低压架空线路上挂接低压柔性电缆	7	(1)低压柔性电缆与架空线连接时未断开负荷开关扣 3 分。 (2)未对连接点进行打磨清除氧化层扣 3 分。 (3)连接点不牢固可靠扣 3 分。 (4)连接柔性电缆顺序错误扣 3 分			

续表 3-49

序号	项目名称	质量要求	分值	扣分标准	扣分原因	扣分	得分
2.13	将低压旁路电缆与配电柜连接	（1）验明配电箱（柜）外壳无电后，检测相序。 （2）在配电箱（柜）内可能触及的带电部位设置绝缘隔离措施。 （3）在配电箱（柜）的进线开关（或刀闸）的负荷侧或出线备用开关下端口接入低压旁路电缆，并合上备用出线开关	7	（1）未对配电箱（柜）外壳进行验电扣 3 分。 （2）未对配电箱（柜）内可能触及的带电部位设置绝缘隔离措施扣 5 分。 （3）低压旁路电缆与配电柜连接不牢固扣 2 分			
2.14	在负荷开关两端核相	在负荷开关两侧进行核相	5	未在低压负荷开关两侧进行核相，扣 5 分			
2.15	断开配电柜低压负荷	先拉开配电箱（柜）的各出线开关（含连接柔性电缆的备用开关），再拉开进线开关（或闸刀），并确认	5	断开配电柜出线及进线开关顺序错误扣 5 分			
2.16	低压负荷转移	（1）合上低压旁路负荷开关。 （2）合上连接柔性电缆的备用出线开关。 （3）依次合上配电箱（柜）低压出线开关，每合上一个开关进行一次电流检测。 （4）每隔半小时应检查整套旁路系统运行情况	5	（1）在操作负荷开关时未使用操作杆扣 3 分。 （2）在操作负荷开关时未戴绝缘手套扣 3 分。 （3）合上配电箱（柜）出线开关未穿戴防电弧服和使用绝缘手套扣 3 分。 （4）未在规定时间检测旁路系统运行情况扣 5 分			

续表 3-49

序号	项目名称	质量要求	分值	扣分标准	扣分原因	扣分	得分
2. 17	工作验收	(1)设备运行无隐患缺陷。 (2)装置无缺陷,符合运行条件。 (3)向工作负责人汇报施工质量	3	(1)作业人员未对作业点进行检查扣1分。 (2)作业人员未向工作负责人汇报作业完成情况扣1分。 (3)工作负责人未对作业点进行确认扣1分。 (4)作业结束后,工器具不按要求摆放扣1分			
3	结束阶段		10				
3. 1	清理工器具和现场	(1)清理作业工具并归类装好。 (2)作业现场不得有遗留物件	3	(1)工器具未清理扣1分。 (2)未归类放置扣2分。 (3)作业现场工器具有遗漏扣2分			
3. 2	班后会	工作负责人总结此次工作	3	(1)未开班后会扣3分。 (2)队容松散扣1分。 (3)工作负责人点评不到位扣1分			
3. 3	工作负责人向考评员(设备运维管理单位)汇报结束	(1)工作现场总工作负责人向设备运维管理单位汇报工作结束。 (2)完善带电作业工作票结束时间。 (3)撤出围栏,工作人员离开现场	4	(1)未向设备运维管理单位汇报工作结束扣2分。 (2)汇报内容错误扣2分。 (3)汇报不清楚扣1分。 (4)未完善工作票结束时间扣1分。 (5)工作票结束时间填写错误扣1分。 (6)未撤出围栏扣1分			
合计			100				

第四章

0.4 kV配网不停电作业架空线路部分现场实例

第一节 0.4 kV 带电接分支线路引线操作项目背景及要求

一、项目名称

0.4 kV 线路带电接分支线路引线。

二、具体任务

有一新建 0.4 kV 架空配电线路对某工厂供电，为保障主线不停电，借助承载工具带电完成 0.4 kV 分支线路引线（空载）搭接任务。

三、工作规范及要求

（1）带电作业工作应在良好天气下进行。如遇雷、雨、雪、雾天气不得进行带电作业。当风力大于 5 级、湿度大于 80%时，一般不宜进行带电作业。

（2）本项作业需工作负责人 1 名，操作电工 1 名，地面电工 1 名。

（3）工作负责人职责：负责本次工作任务的人员分工、工作票的宣读、办理线路停用重合闸、办理工作许可手续、召开工作班前会、工作中突发情况的处理、工作质量的监督、工作后的总结。

（4）操作电工职责：负责带电接分支线路引线（空载）。

（5）地面电工职责：负责工器具传递及其他地面辅助工作。

（6）在带电作业中，如遇雷、雨、大风或其他任何情况威胁到工作人员的安全时，工作负责人或监护人可根据情况，临时停止工作。

四、现场作业指导书

作业流程及安全措施完全按照现场作业指导书要求进行，现场作业指导书如下所示。

0.4 kV线路带电接分支线路引线(空载)现场标准化作业指导书

编　写:__________ ________年____月____日

审　核:__________ ________年____月____日

批　准:__________ ________年____月____日

工作负责人:

作业日期________年____月____日____时至________年____月____日____时

1 范围

本作业方法适用于低压用户不停电作业中0.4 kV线路带电接分支线路引线(空载)实训操作,规定了该工作现场标准化作业的工作步骤和技术要求。

作业方法:综合不停电作业法。

2 规范性引用文件

2.1 《10 kV配网不停电作业规范》(Q/GDW 10520—2016);

2.2 《配网运维规程》(Q/GDW 1519—2014);

2.3 《国家电网公司电力安全工作规程(配电部分)(试行)》(国家电网安质〔2014〕265号);

2.4 《带电作业工具设备术语》(GB/T 14286—2008);

2.5 《配电线路带电作业技术导则》(GB/T 18857—2019);

2.6 《农村电网低压电气安全工作规程》(DL/T 477—2010);

2.7 《农村低压安全用电规程》(DL/T 493—2015);

2.8 《农村低压电力技术规程》(DL/T 499—2001);

2.9 《现场标准化作业指导书编制导则》(国家电网公司2004.9);

2.10 《国家电网公司带电作业工作管理规定(试行)》(2007);

2.11 《关于印发〈国家电网公司深入开展现场标准化作业工作指导意见〉的通知》(国家电网生〔2009〕190号)。

3 人员组成

本作业项目共需要作业人员3人。作业人员要求如下:

序号	责任人	资质	人数
1	工作负责人	应具有一定的配电带电作业实际工作经验,熟悉设备状况,具有一定组织能力和事故处理能力,并按要求取得工作负责人资格	1人
2	操作电工	应具有一定的配电带电作业实际工作经验,熟悉设备状况	1人
3	地面电工	应具有一定的实际工作经验,熟悉设备状况	1人

4 工器具

作业人员应核对工器具的使用电压等级和试验周期;应检查外观完好无损。工器具运输,应存放在工具袋或工具箱内。

4.1 个人防护用具

序号	名称	规格/型号	单位	数量	已执行
1	绝缘手套	1 kV	副	1	
2	绝缘鞋		双	1	
3	个人防电弧用品	27 cal/cm^2	套	1	低压架空线路上作业时，防电弧能力不小于6.8 cal/cm^2；低压配电柜(房)作业时，防电弧能力不小于27 cal/cm^2
4	双控背带式安全带		副	1	斗内电工用
5	安全帽		顶	3	
6	毛巾	棉质	条	2	

4.2　专用工器具

序号	名称	规格/型号	单位	数量	已执行
1	绝缘旁路分流线	1 kV	根	4	
2	双头锁杆		根	2	
3	绝缘旁路分流线固定杆		套	4	
4	绝缘绳套		根	若干	
5	绝缘斗外挂工具包		个	1	

4.3　绝缘遮蔽用具

序号	名称	规格/型号	单位	数量	已执行
1	绝缘毯	1 kV	张	若干	
2	导线遮蔽罩	1 kV	个	若干	
3	绝缘毯夹		个	若干	
4	引流线遮蔽罩		根	若干	

4.4　仪器仪表

序号	名称	规格/型号	单位	数量	已执行
1	钳形电流表		只	1	
2	风力、温湿度仪		只	1	
3	低压验电器	0.4 kV	只	1	
4	绝缘电阻检测仪		只	1	
5	工频信号发生器		只	1	

4.5 辅助工具

序号	名称	规格/型号	单位	数量	已执行
1	防潮垫或苫布		块	1	
2	安全警示带(牌)		套	3	
3	围栏		只	若干	
4	对讲机		个	3	

4.6 承载(升降)工具

序号	名称	规格/型号	单位	数量	已执行
1	低压综合抢修车		辆	1	绝缘斗臂车、绝缘梯、绝缘平台可替代

4.7 材料

序号	名称	规格/型号	单位	数量	已执行
1	并沟线夹	0.4 kV	套	8	

5 安全注意事项及措施

5.1 气象条件

(1)在良好的天气下进行,如遇雷、雨、雪、大雾不应带电作业。

(2)风力大于 10.5 m/s 以上时,不宜进行作业。

(3)空气相对湿度不大于 80%。

5.2 安全距离

作业人员与带电体和接地体安全距离不小于 0.1 m。

5.3 重合闸

作业前应确认作业点电源侧的剩余电流保护装置已投入运行。有自动重合功能的剩余电流保护装置应退出其自动重合功能。

5.4 危险点分析

序号	危险点分析	控制措施	已执行
1	带电作业专责监护人违章兼作其他工作或监护不到位,使作业人员失去监护	专责监护人应履行监护职责,不得兼作其他工作,要选择便于监护的位置,监护的范围不得超过一个作业点	

序号	危险点分析	控制措施	已执行
2	作业现场混乱，安全措施不齐全	作业时应做好现场的组织、协调工作。作业人员应听从工作负责人指挥	
3	绝缘工器具使用前未进行外观检查及绝缘性能检测，因设备损毁或有缺陷未及时发现造成人身、设备事故	使用1 000 V绝缘电阻检测仪检测绝缘工器具的绝缘电阻不小于10 MΩ。作业现场及工具摆放位置周围应设置安全围栏、警示标志，防止行人及其他车辆进入作业现场	
4	拆除的引线未绑扎固定，电缆线路发生短路故障时发生摆动	低压引线应该分相绑扎固定	
5	绝缘遮蔽不严密，造成空隙放电伤人	在绝缘遮蔽时，保证遮蔽严密，遮蔽重叠部分不小于15 cm	
6	作业时电弧对作业人员造成伤害	作业前应该断开支线负荷，用钳形电流表检测支线电流，确定无电流；操作过程中佩戴护目镜，接分支线路引线时，严格按先零线后相线的顺序	

6 作业程序

序号	作业步骤	作业要求	已执行
1	现场复勘	(1)工作负责人到作业现场核对线路双重名称、运行方式、杆线状况、设备交叉跨越状况，是否满足作业条件。 (2)检查电杆、拉线、分支线路紧固线夹及周围环。 (3)检测风速、湿度等现场气象条件是否符合作业要求。 (4)检查地形环境是否满足停放低压0.4 kV综合抢修车(可升降)、绝缘梯、绝缘平台等绝缘承载工具要求。 (5)检查带电作业工作票填写是否完整，无涂改，检查所列安全措施与现场实际情况是否相符，必要时予以补充	

序号	作业步骤	作业要求	已执行
2	工作许可	(1)工作负责人向设备运行单位申请许可工作。 (2)经值班调控人员许可后,方可开始带电作业工作	
3	现场布置	正确装设安全围栏并悬挂标示牌: (1)安全围栏范围应充分考虑高处坠物,以及对道路交通的影响,安全围栏出入口设置合理。 (2)妥当布置"从此进出""在此工作"等标示。 (3)作业人员将工器具和材料放在清洁、干燥的防潮苫布上。 (4)正确摆放低压作业车	
4	召开班前会	(1)全体工作成员正确佩戴安全帽、穿工作服。 (2)工作负责人穿红色背心,宣读工作票,明确工作任务及人员分工;讲解工作中的安全措施和技术措施;查(问)全体工作成员的精神状态;告知工作中存在的危险点及采取的预控措施。 (3)全体工作成员在工作票上签名确认	
5	工器具检查	(1)工作人员按要求将工器具放在防潮苫布上;防潮苫布应清洁、干燥。 (2)工器具应按定置管理要求分类摆放;绝缘工器具不能与金属工具、材料混放;对工器具进行外观检查。 (3)绝缘工具表面不应磨损、变形损坏,操作应灵活。绝缘工具应使用2 500 V及以上绝缘电阻表进行分段绝缘检测,阻值应不低于700 MΩ,并用清洁、干燥的毛巾将其擦拭干净。 (4)作业人员正确穿戴个人安全防护用品,工作负责人应认真检查是否穿戴正确。 (5)低压作业车进行外观检查及空斗试验	
6	验电及确认分支线路处于空载状态	(1)操作电工达到作业位置前对线路安装正确顺序进行验电。 (2)操作电工用钳形电流表对分支线路各相电流及零线电流进行测量,确认其处于空载状态	
7	绝缘遮蔽	操作电工对横担、带电体保持不小于0.1 m的安全距离,对作业范围内的带电体和接地体进行绝缘遮蔽	
8	确认分支线路相序	操作电工使用低压测试仪,通过多次点测不同相与相间电压,明确相线与零线	

序号	作业步骤	作业要求	已执行
9	接引线	接分支线路引线： （1）按照“由远至近，先零线后相线”的顺序，依次搭接分支线路的引线。 （2）当一相引线搭接后，应及时恢复导线及引线金属裸露部分的外绝缘，同时进行绝缘遮蔽。 （3）当一相工作完成后，应得到工作负责人许可后方可进行下一相工作	
10	拆除绝缘遮蔽	操作电工按照“由远至近”“从上到下”的顺序依次拆除绝缘遮蔽	
11	施工质量检查	现场工作负责人全面检查作业质量，无遗漏的工具、材料等	
12	完工	（1）工作负责人组织班组成员清理现场。 （2）召开班后会，工作负责人做工作总结和点评工作。 （3）评估本项工作的施工质量。 （4）点评班组成员在作业中安全措施的落实情况。 （5）点评班组成员对规程规范的执行情况。 （6）办理带电作业工作票终结手续	

7 竣工

序号	内容
1	现场工作负责人全面检查工作完成情况无误后，组织清理现场及工具
2	通知运维管理人员，工作结束
3	终结工作票

8 验收总结

序号	验收总结
1	验收评价
2	存在问题及处理意见

9 指导书执行情况评估

<table>
<tr><td rowspan="4">评估内容</td><td rowspan="2">符合性</td><td>优</td><td></td><td>可操作项</td><td></td></tr>
<tr><td>良</td><td></td><td>不可操作项</td><td></td></tr>
<tr><td rowspan="2">可操作性</td><td>优</td><td></td><td>修改项</td><td></td></tr>
<tr><td>良</td><td></td><td>遗漏项</td><td></td></tr>
<tr><td>存在问题</td><td colspan="5"></td></tr>
<tr><td>改进意见</td><td colspan="5"></td></tr>
</table>

第二节　0.4 kV 带电接分支线路引线操作项目现场实例

下面将以 0.4 kV 带电接分支线路引线操作项目的各环节作业现场实例进行介绍，结合现场作业图片讲解各个环节的要求。

一、现场复勘

工作负责人到达作业现场后，认真核对线路双重名称、运行方式、杆线状况、设备交叉跨越状况，并判断是否满足带电作业条件。依次检查和记录电杆、拉线、分支线路紧固线夹及周围环；检测风速、湿度等现场气象条件是否符合作业要求；检查地形环境是否满足停放低压 0.4 kV 综合抢修车（可升降）、绝缘梯、绝缘平台等绝缘承载工具要求；检查带电作业工作票是否填写完整，无涂改，检查所列安全措施与现场实际情况是否相符，必要时予以补充。工作负责人进行现场复勘如图 4-1 所示。

图 4-1　工作负责人进行现场复勘

二、工作许可

经现场复勘，确保满足相关作业条件后，由工作负责人向设备运行管理单位申请许可工作，申请工作时，应说明本次工作的工作任务、计划作业方法、计划工作时间、现场设备情况等，经值班调控人员许可后，方可开始带电作业工作。在与设备运行管理人员通话时，应保证声音洪亮，表达清晰，对对话内容进行复诵，必要时予以录音。工作负责人进行工作许可如图 4-2 所示。

图 4-2　工作负责人进行工作许可

三、布置现场

接到工作许可后，工作负责人安排作业人员正确装设安全围栏并悬挂标示牌：安全围栏范围应充分考虑高处坠物，需大于高处坠落半径，以及需考虑对道路交通的影响，安全围栏出入口设置合理；妥当布置“从此进出”“在此工作”等标示；作业人员将工器具和材料放在清洁、干燥的防潮苫布上；正确摆放低压作业车，做好作业前的各项准备。作业人员布置现场如图 4-3 所示。

图 4-3　作业人员布置现场

四、召开班前会

各项准备工作完成后，由工作负责人组织全体作业人员召开班前会，班前会为作业前的重要流程之一，不可缺失。工作负责人穿红色背心，依次进行宣读工作票，明确工作任务及人员分工；检查全体工作成员佩戴安全帽、穿着工作服是否符合要求；讲解工作中的安全措施和技术措施；查（问）全体工作成员的精神状态；告知工作中存在的危险点及采取的预控措施；最后由全体工作成员在工作票上签名确认，确保工作负责人所告的知事项均已知晓。工作负责人组织召开班前会如图 4-4 所示。

图 4-4　工作负责人组织召开班前会

五、工器具检查

召开班前会后，由工作负责人进行分工和监督。作业人员按要求将工器具放在清洁、干燥的防潮苫布上；工器具应按定置管理要求分类摆放；绝缘工器具不能与金属工具、材料混放。再依次对工器具进行外观检查：绝缘工具表面不应磨损、变形损坏，操作应灵活，绝缘工具应使用 2 500 V 及以上绝缘电阻表进行分段绝缘检测，阻值应不低于

700 MΩ,并用清洁、干燥的毛巾将其擦拭干净。检查合格后,作业人员正确穿戴个人安全防护用品,工作负责人应认真检查是否穿戴正确。最后对低压作业车进行外观检查及空斗试验。作业人员对工器具进行检查如图 4-5 所示。

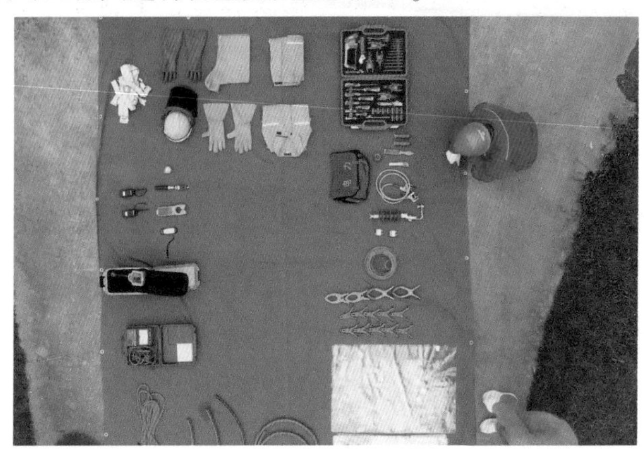

图 4-5　作业人员对工器具进行检查

六、验电及确认分支线路处于空载状态

工作负责人确保所有工器具及设备符合要求后,做好安全监护,斗内操作电工达到作业位置前对线路安装正确顺序进行验电;斗内操作电工用钳形电流表对分支线路各相电流及零线电流进行测量,确认其处于空载状态,禁止带负荷接分支线路。作业人员进行验电如图 4-6 所示。

图 4-6　作业人员进行验电

七、绝缘遮蔽

工作负责人做好安全监护,斗内作业人员对横担、带电体保持不小于 0.1 m 的安全距离,对作业范围内的带电体和接地体进行绝缘遮蔽,遮蔽顺序由近至远,并保证遮蔽重

叠部分不少于 15 cm。斗内作业人员进行绝缘遮蔽如图 4-7 所示。

图 4-7　斗内作业人员进行绝缘遮蔽

八、确认分支线路相序

在工作负责人的安全监护下，斗内操作电工使用低压测试仪，通过多次点测不同相与相间电压，明确相线与零线。该操作步骤尤为关键，相序接错后将导致所接入的分支线路用电设备无法正常工作。进行相序确认如图 4-8 所示。

图 4-8　进行相序确认

九、接引线

工作负责人做好安全监护，由斗内操作人员按照“由远至近，先零线后相线”的顺序，依次搭接分支线路的引线，搭接时应局部拆除绝缘遮蔽；当一相引线搭接后，应及时恢复导线及引线金属裸露部分的外绝缘，同时进行绝缘遮蔽；当一相工作完成后，应得到工作负责人许可后方可进行下一相工作。作业人员搭接分支线路引线如图 4-9 所示。

图 4-9　作业人员搭接分支线路引线

十、拆除绝缘遮蔽

待所有相分支线路引线均搭接完成后，经工作负责人同意后，斗内操作电工按照“由远至近，从上到下”的顺序依次拆除绝缘遮蔽，拆除时应时刻关注相间或相地间的间距，防止造成短路等危险情况的发生。作业人员拆除绝缘遮蔽如图 4-10 所示。

图 4-10　作业人员拆除绝缘遮蔽

十一、施工质量检查

绝缘遮蔽拆除完毕后，现场工作负责人全面检查作业质量，斗内电工再次检查，确保施工质量符合要求，杆上、导线上无遗漏的工具、材料等。作业人员进行施工质量检查如图 4-11 所示。

图 4-11　作业人员进行施工质量检查

十二、完工

所有工作完成后，斗内电工操作绝缘斗缓慢返回地面。工作负责人组织班组成员清理现场；组织召开班后会，工作负责人做工做总结和点评工作；评估本项工作的施工质量；点评班组成员在作业中安全措施的落实情况；点评班组成员对规程规范的执行情况；最后向设备运行管理单位汇报，办理带电作业工作票终结手续。工作负责人组织召开班后会如图 4-12 所示。

图 4-12　工作负责人组织召开班后会

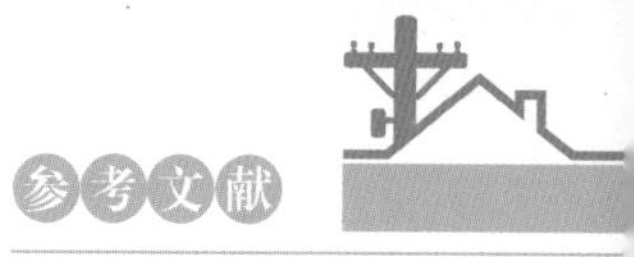

参考文献

[1] 国家电网有限公司设备管理部. 0.4 kV 配网不停电作业培训教材(基础知识)[M]. 北京:中国电力出版社,2020.

[2] 国家电网有限公司设备管理部. 0.4 kV 配网不停电作业培训教材(作业方法)[M]. 北京:中国电力出版社,2020.

[3] 杨力. 配电线路带电作业实训教程[M]. 北京:中国电力出版社,2015.

[4] 杨力. 带电作业工器具的检查使用和保管[M]. 北京:中国电力出版社,2014.

[5] 董吉谔. 电力金具手册[M]. 3 版. 北京:中国电力出版社,2010.